前 言

日本光辉教育小学部活用多年来小升初考试指导的经验和技巧，自1999年4月面向中低年级的孩子开设家教课程（Pigma club）。为了让孩子能够自主地、充满热情地做练习，更早地打好未来学习能力的根基——拥有思考力和解决问题的能力，在研发课程教材时，我们下了很多功夫——不只是单纯地罗列问题，还加入了快乐的游戏题、测试题以及很多人物角色等。所以，在翻开本书时，会有各种各样的发现。作为划时代的家教课程教材，本系列图书广受好评，我们也听到了很多如"想再多解答一些同样有趣的问题"的声音。

因此，为了让更多的孩子了解Pigma的世界，从2004年4月开始，Pigma club和《日本朝日小学生报》共同企划，每月刊登一期面向小学一年级至四年级学生的问题，然后针对孩子们的答案，给出提示和建议，细心修改后再反馈给孩子们。每次我们都会收到许多答案，孩子们的答案里藏着独特又丰富的想象力，真是让人惊喜。

在连载内容的基础上，添加一些新的题目，就构成了本系列图书。

热爱思考的孩子的眼睛闪闪发亮，散发着思考力和创造力的光辉。为了能让孩子更加喜欢思考、爱上学数学，请家长一定要使用本系列图书，让孩子感受数学世界的不可思议和思考的乐趣。

日本光辉教育小学部

日本朝日小学生报 推荐

在2007年的某项调查中，被问及"你认为学数学有趣吗"时，小学四年级的学生中有70%认为有趣，而初中二年级的学生则只有39%认为有趣。也就是说，十岁的孩子，十个人中约有三个人不擅长数学，而四年后，三个人里就有两个人不喜欢甚至讨厌数学。

数学是按照公式或规则来进行思考并解答问题的。但是，如果认为数学原理烦琐，对单纯的反复又感到厌烦，那么，孩子就会在不知不觉中对数学失去兴趣。并且，也有越来越多的家长反映，在学习中，理解并针对问题进行思考和解答是当今孩子非常欠缺的能力。

本套书不只是让孩子解答问题，更重要的是培养孩子的数学思维。书中的问题设定种类多样，如果孩子能够耐心地解答、不断地挑战，将对提升孩子的数学思维大有裨益。另外，和爸爸妈妈一起解答也非常有趣。

所谓学习，就是不断重复"知道→思考→理解"的过程。这套书能够充分调动孩子与生俱来的对知识的好奇心和思考的独创性，非常推荐。

《日本朝日小学生报》主编　酒井辉男

本书的使用方法

让我们向着充满奇迹的数学海洋出发吧!

神奇数学俱乐部的小伙伴们

洛洛　皮格马博士　小光　绘里　小原　彩香　美美

---

① ★ 的数量表示问题的难易程度

★ 的数量表示问题的难易程度,分别有 ★、★★、★★★ 三个等级。★ 数量越多,则表示问题难度越大。问题又分为 ①、②、③、④ 四个等级,数字越高,难度就越高。★ 的数量标示的是最后一个问题的难度星级。

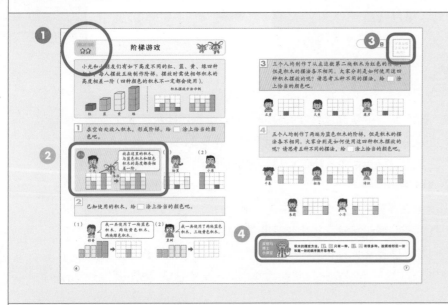

② 先从 示例 开始

示例 中写有该问题的解答方式,因此让我们先从示例开始吧。请仔细阅读皮格马博士、洛洛、美美给我们的提示和说明。

查看 示例 后,请认真思考其他题目的答案如何得出吧。

③ 贴上贴纸

做完习题、对完答案后,请在写有"完成后贴上鼓励贴纸吧"的方框内贴上鼓励贴纸。

请和家长一起核对答案,如果遇到不会的题目,请继续认真思考吧。

④ 来自博士的提示

在"皮格马博士小课堂"里有解开问题的线索。遇到实在搞不懂的问题,向家长请教一下吧。

目 录

填写练习日期，制订学习计划，加油吧！

看不见的大象

在有九个格子的模板上，放着带有动物图案的骰子，大家都能看到哪些动物？

模板　河马　大象　狮子

1 如下图摆放骰子，小光沿着 → 的方向看，绘里沿着 → 的方向看。有的动物绘里能看到，小光却看不到。在 ☐ 中写出小光看不到的动物的名称吧。

示例　从上方看到的图如下。

大象

三个骰子绘里都能看到。小光看不到被狮子挡住的大象。

（1）从上方看到的图如下。

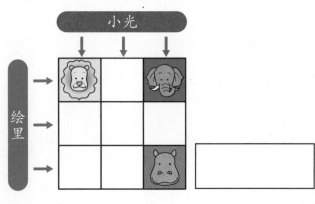

（2）从上方看到的图如下。

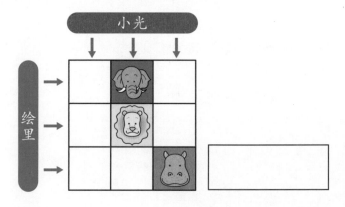

2 彩香沿着 → 的方向看，小原沿着 → 的方向看。再摆放一个大象的骰子，使小原和彩香都能看到三个骰子。

（1）现在，已知两个大象骰子的位置。还有一个放在哪儿好呢？思考恰当的位置，将放入第三个骰子的 □ 涂成红色吧。

从上方看到的图

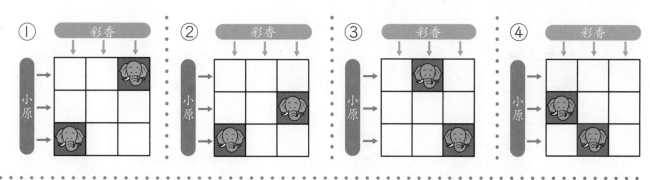

（2）除了（1）的四种摆放方法，还有另外两种摆放三个大象骰子的方法，请仔细思考。将放入骰子的 □ 涂成红色吧。

从上方看到的图

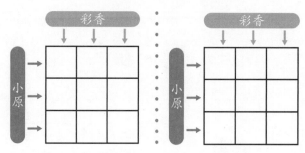

皮格马博士小课堂

找一些小盒子，在桌子上摆一摆并看一看吧。需要注意的是，在横向或纵向的同一排中，如果放入了两个或两个以上的骰子，就会有看不见的骰子。

阶梯游戏

小光和小朋友们有如下高度不同的红、蓝、黄、绿四种积木，每人摆放五块制作阶梯。摆放时需使相邻积木的高度相差一阶（四种颜色的积木不一定都会使用）。

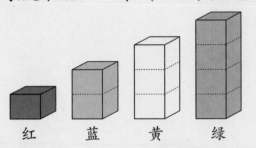

红　蓝　黄　绿

积木摆放方法示例

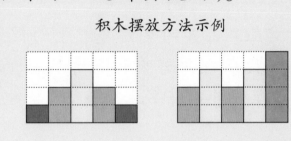

1 在空白处放入积木，形成阶梯。给 ☐ 涂上恰当的颜色吧。

示例

放在这里的积木，与蓝色积木和绿色积木的高度都要相差一阶。

小光　洛洛

（1）绘里

（2）小原

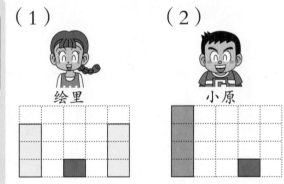

2 已知使用的积木，给 ☐ 涂上恰当的颜色吧。

（1）彩香

我一共使用了一块蓝色积木、两块黄色积木、两块绿色积木。

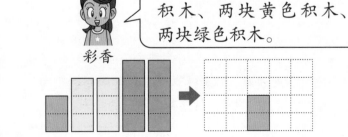

（2）直树

我一共使用了两块蓝色积木、三块黄色积木。

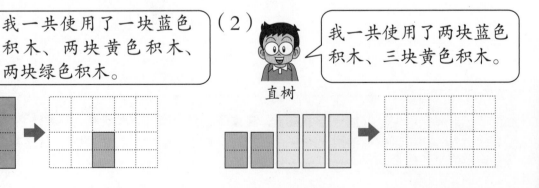

3 三个人均制作了从左边数第二块积木为红色的阶梯，但是积木的摆法各不相同。大家分别是如何使用这四种积木摆放的呢？请思考三种不同的摆法，给 ☐ 涂上恰当的颜色吧。

正彦
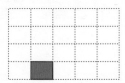

久美
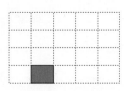

康彦

4 五个人均制作了两端为蓝色积木的阶梯，但是积木的摆法各不相同。大家分别是如何使用这四种积木摆放的呢？请思考五种不同的摆法，给 ☐ 涂上恰当的颜色吧。

千春
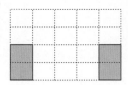

拓海
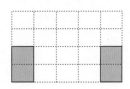

诗织
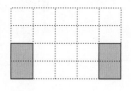

朱莉
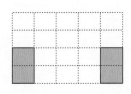

小淳
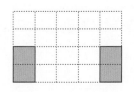

皮格马博士小课堂

积木的摆放方法，**1**、**2** 只有一种，**3**、**4** 有很多种。按照相邻低一阶和高一阶的顺序展开思考吧。

套 圈

小朋友们分成四个队，正在玩"套圈"游戏。扔出 ◯ 和 ◎，套中木棍。

计分规则

◯ 和 ◎ 每接触一处得 1 分。

得 1 分的情况示例 ⋮ 得 2 分的情况示例

小原

1 扔出 ◯、◎、◎、◎ 四个圈，都套中了木棍。

（1）每个队分别得几分？在 □ 中写出恰当的数字吧。

示例

得 1 分，
得 1 分，
所以加起来得 2 分。

2 分

小光队

① 绘里队 □ 分

② 拓海队 □ 分

③ 彩香队 □ 分

（2）已知各个队的得分和四个圈套中的位置。给 □ 涂上恰当的颜色吧。◯ 的位置，四个队各不相同。

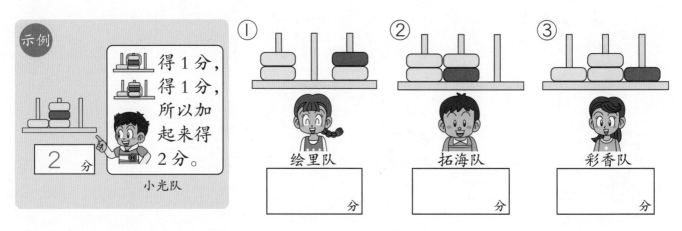

① 直树队 2 分

② 千春队 0 分

③ 小淳队 1 分

④ 朱莉队 1 分

得 1 分有两种涂法。

洛洛

（3）已知各个队的得分和一个圈套中的位置。剩余的三个圈套在了哪里？给 ▢ 涂上恰当的颜色吧。

套中的位置四个队各不相同。得2分有三种涂法。

美美

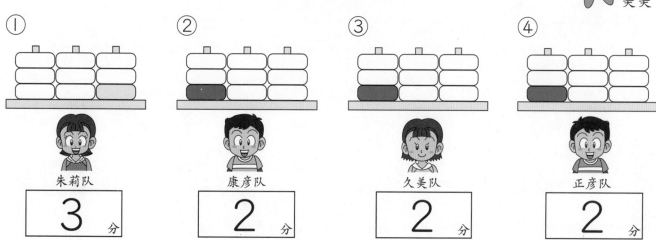

① 朱莉队　**3** 分

② 康彦队　**2** 分

③ 久美队　**2** 分

④ 正彦队　**2** 分

2

四个队分别扔出 ◉、◉、◎、◎、◎ 五个圈，全部套中木棍。已知各个队的得分。给 ▢ 涂上恰当的颜色吧。

① 小光队　**5** 分

② 绘里队　**4** 分

③ 小原队　**3** 分

④ 彩香队　**2** 分

皮格马博士小课堂

需要注意，红色圈的位置是重点。仔细思考一下，如果红色圈的位置改变，大家分别会得多少分？

超级小旋风

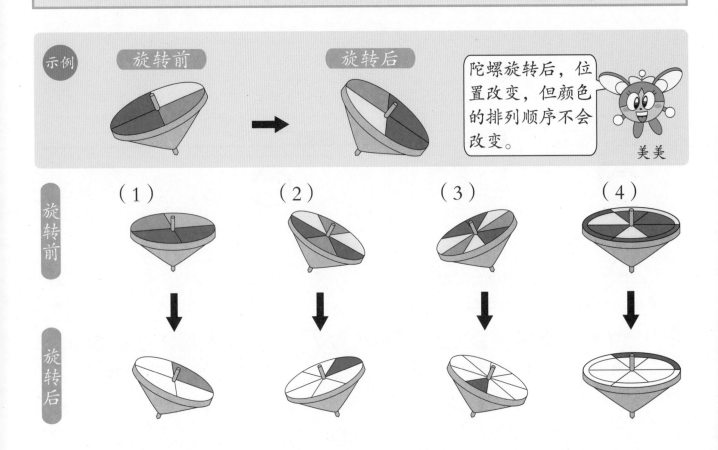

1 大家在转陀螺。比较 旋转前 和 旋转后 的陀螺，给 旋转后 的陀螺的空白处（▽），涂上恰当的颜色。

示例　旋转前　旋转后

陀螺旋转后，位置改变，但颜色的排列顺序不会改变。

美美

旋转前　（1）　（2）　（3）　（4）

旋转后

2 小光和小朋友们最近去了游乐园。

一个游乐设施以立柱为中心旋转。根据Ⓐ、Ⓑ、Ⓒ提示的 三人的位置 信息，思考转动到Ⓓ时 三人的位置，并在对应的 □ 内涂上恰当颜色。

小光的座位是蓝色，绘里的座位是红色，小原的座位是绿色。

游乐设施以这个立柱为中心旋转。

彩香 小光 小原

绘里 拓海 直树

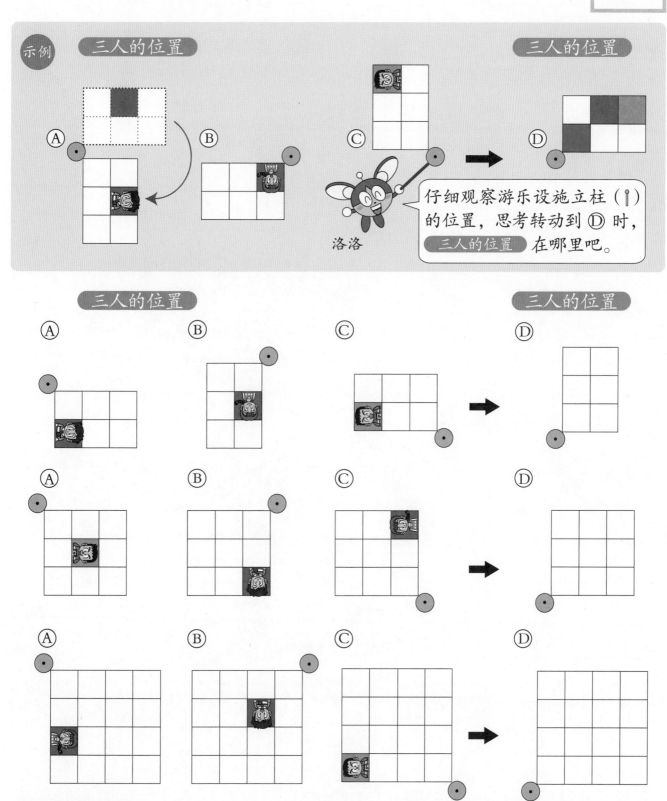

需要关注的是，无论怎么旋转，什么不会变。在 **1** 中，无论怎么旋转，颜色的排列顺序不会改变。在 **2** 中，无论怎么旋转，小朋友座位的位置关系不会改变。

多米诺骨牌

大家一起玩"多米诺骨牌"游戏。仔细阅读 规则 ，然后回答问题。

规则

❶ 将多米诺骨牌立起来摆放。

❷ 可以用手指推图案为狼的多米诺骨牌，但注意不要推倒图案为羊的多米诺骨牌。

❸ 图案为蓝色的狼要从后向前推。

❹ 图案为红色的狼要从前向后推。

羊

蓝色的狼

红色的狼

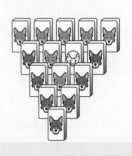

从后面将 Ⓐ 推倒时

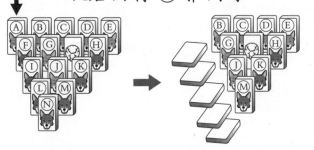

用手指从后面推 Ⓐ 时，Ⓐ→Ⓕ→Ⓘ→Ⓛ→Ⓝ 五张多米诺骨牌依次倒下。

小光

从前面将 Ⓚ 推倒时

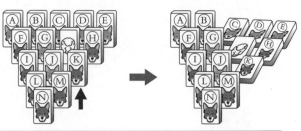

用手指从前面推 Ⓚ 时，羊和 Ⓗ 会倒下，接着 Ⓒ、Ⓓ、Ⓔ 会倒下。因为羊的多米诺骨牌倒下了，所以推 Ⓚ 是不行的。

小原

1 已知用手指推的是哪一块多米诺骨牌。将倒下的多米诺骨牌涂成红色吧。

示例 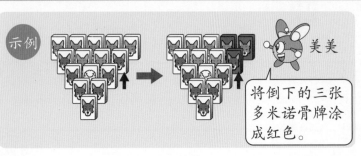 美美

将倒下的三张多米诺骨牌涂成红色。

（1）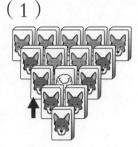

（2）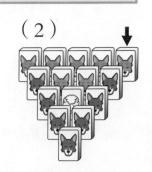

2 已知倒下的多米诺骨牌的数量。用手指推倒了哪张多米诺骨牌呢？请将要推的多米诺骨牌用 ➡ 标出来，将倒下的多米诺骨牌涂成红色吧。

（1）

倒下了六张多米诺骨牌。

（2）

倒下了八张多米诺骨牌。

彩香

3 增加多米诺骨牌的数量，如下图所示摆放。用手指分别从前面和后面推一张多米诺骨牌。绿色的狼（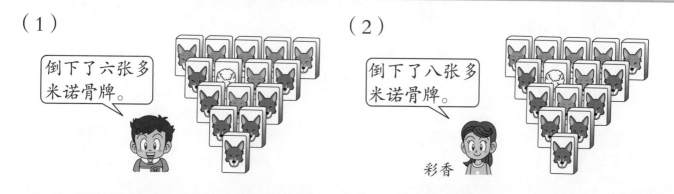）必须推倒，为了推倒尽可能多的多米诺骨牌，用手指推哪张多米诺骨牌好呢？请将要推的多米诺骨牌用 ➡ 标出来，将倒下的多米诺骨牌涂成红色吧。

用手指分别从前面和后面推一张多米诺骨牌。

绘里

不要将 🐑 推倒，右边的 🐺 一定要推倒。

洛洛

皮格马博士小课堂

在 **3** 中，不推倒"羊"，但要推倒"绿色的狼"的方法一共有四种。在四种方法中，找到能推倒最多数量的多米诺骨牌的方法吧。

五颜六色的书包

小朋友们的书包颜色各不相同。

1 根据大家的话，用 —— 连接对应的 ● 和 ★ 吧。

小光

小原

绘里

彩香

> 我的书包不是绿色（🎒）。

> 绘里的书包是粉色（🎒）。

> 小光的书包不是黄色（🎒）。

> 我的书包不是绿色（🎒）。

2 放学了，家长们来到学校接小朋友们放学，谁和谁是一家人呢？根据大家的话，给书包涂上恰当的颜色，用 —— 连接对应的 ● 和 ★ 吧。

（1）三个人书包的颜色，分别是蓝色（🎒）、绿色（🎒）、黄色（🎒）中的哪个呢？

小淳 ●

拓海 ●

直树 ●

> 我家是爷爷来了。

> 我的书包不是🎒。

★

★

★

> 我孙子的书包不是🎒。

> 我孙子的书包不是🎒。

（2）三个人书包的颜色，分别是红色（）、粉色（）、橙色（）中的哪个呢？

我的书包既不是 ，也不是 。
诗织

我的书包不是 。
千春

我家是妈妈来了。
朱莉

★ ★ ★

我家孩子的书包是 。

（3）四个人书包的颜色，分别是蓝色（）、绿色（）、黄色（）、粉色（）中的哪个呢？

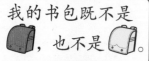
我的书包既不是 ，也不是 。
茉莉

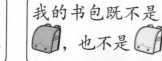
我的书包既不是 ，也不是 。
正彦

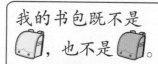
我的书包既不是 ，也不是 。
久美

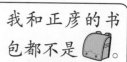
我和正彦的书包都不是 。
大介

★ ★ ★ ★

我家是孙女。

我家孩子的书包是 。

我家孩子的书包是 。

皮格马博士小课堂

各位名侦探，利用给出的条件开始推理吧。根据"不是……"的话语，确认可以知道的事情吧。确认了一个人的书包颜色，就能知道其他人的书包不是那个颜色了。

15

折纸贴贴贴

将相同大小的折纸一张一张地重叠粘贴。

折纸的贴法

① 粘贴第一张折纸。

② 第二张折纸，叠放在第一张折纸上，并错开粘贴。第二张折纸不能完全覆盖第一张折纸，使第一张折纸无法看到。

③ 第三张折纸，与第二张折纸重叠后粘贴。

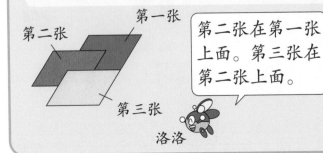

第二张在第一张上面。第三张在第二张上面。

洛洛

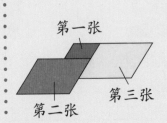

第二张与第三张没有重叠，所以这种贴法不对。

美美

---

1 已知粘贴折纸的顺序，在粘贴好的折纸上，涂上恰当的颜色吧。

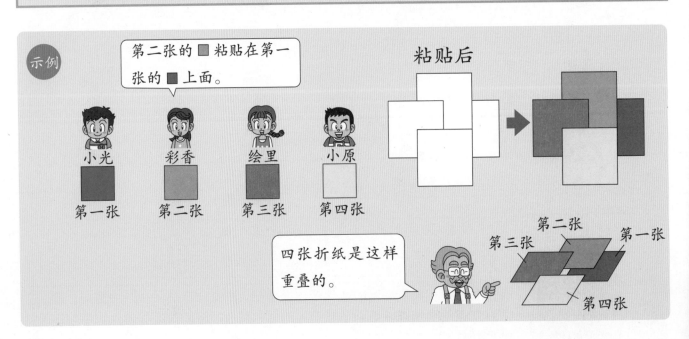

示例

第二张的 ▨ 粘贴在第一张的 ▨ 上面。

粘贴后

小光　彩香　绘里　小原

第一张　第二张　第三张　第四张

四张折纸是这样重叠的。

第二张　第三张　第一张　第四张

（1）

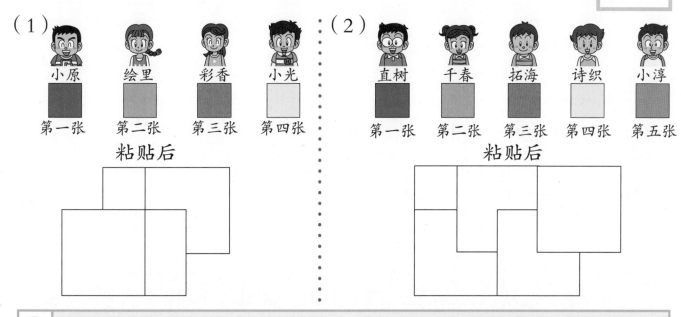

（2）

2 已知粘贴后的折纸的样子，折纸是按照怎样的顺序粘贴的呢？请在 □ 中涂上恰当的颜色。

（1）

粘贴后

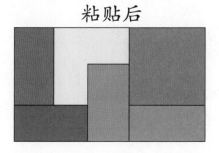

（2）

粘贴后

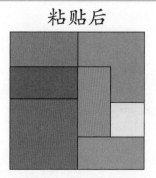

蓝色折纸和绿色折纸没有重叠，说明蓝色折纸和绿色折纸的粘贴顺序不相连。

第一张　第二张　第三张　第四张　第五张　第六张

第一张　第二张　第三张　第四张　第五张　第六张　第七张

皮格马博士小课堂

在 **2** 中，从最后粘贴的折纸的颜色开始思考，更容易解答。想象一下每一张折纸粘贴后的样子吧。

捡水果

小光和小朋友们在玩"捡水果"游戏。

规则

❶ 如题目中图所示，每一个格子中都放有一个水果。

❷ 选择 Ⓐ～Ⓟ 十六个入口中的一个开始游戏。

❸ 一边捡水果，一边向画有 🍴 的格子前进。相同的格子不能重复进入。

1 大家将捡到的水果放入篮子中。根据大家的话，思考他们的前进路线，用恰当的颜色画出 ➡。然后，在 ◯ 中写出正确的入口编号。

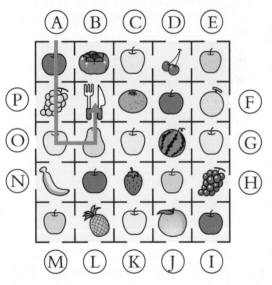

示例

我是从 Ⓐ 进入的。捡到了红苹果、葡萄、黄苹果、梨四个水果。是按照 ➡ 前进的。

小光

（1）

我是从 ◯ 进入的。捡到了这五个水果。把我的前进路线用 ➡ 画出来吧。

绘里

（2）

我是从 ◯ 进入的。捡到了这六个水果。把我的前进路线用 ➡ 画出来吧。

彩香

2 小原和小朋友们都想在从入口到 🍴 的途中，捡到全部的二十四个水果。（前进路线有好几种时，只需要用 ➡ 画出其中一种即可。）

（1）小原从 ⬇ 进入，想一想他怎样前进好呢？用 ➡ 画出前进方法吧。

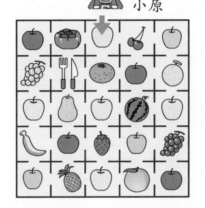

小原

（2）拓海、千春、诗织、直树四人中，只有一人捡到了全部水果，这个人是谁呢？在 ▢ 中写出捡到全部水果的人的名字，并用 ➡ 画出此人的前进路线吧。

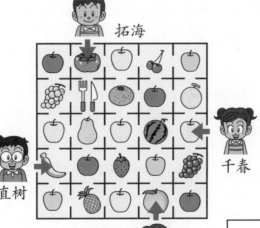

拓海

千春

直树

诗织

▭ 捡到了全部水果。

皮格马
博士
小课堂

2（1）有各种各样的前进路线。画出一种前进路线后，再试着思考其他的前进路线吧。注意，无论是哪种前进路线，每隔一种水果都会捡到一个苹果。

雨伞大智慧

在 ○ 中填入符合 规则 的数字。

规则
❶ 在最上面一行的三个 ○ 中填入数字。
❷ 在下一行的 ○ 中，写出与这个 ○ 用蓝色箭头（➡）相连的上一行的两个 ○ 中所填数字之和。

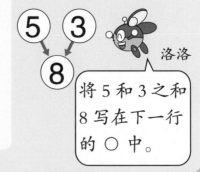

洛洛

将 5 和 3 之和 8 写在下一行的 ○ 中。

1

最上面一行的 ○ 中填入了如下数字。下面两行的 ○ 中应分别填入哪个数字呢？

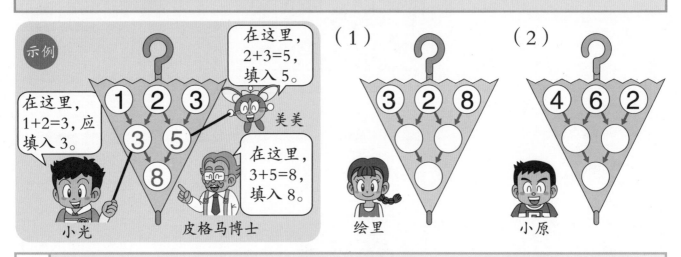

2

有的 ○ 中已经填入了数字，有的 ○ 中需要填入数字。在 ○ 中填入数字吧。

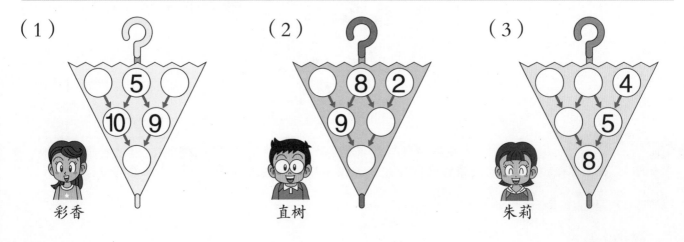

（1）彩香　（2）直树　（3）朱莉

3 三个人的雨伞上最下面的 ○ 中的数字都是7。在 ○ 中应分别填入什么数字呢？（○ 中不填0。）

（1）　　　　　　　　　　（2）　　　　　　　　　　（3）

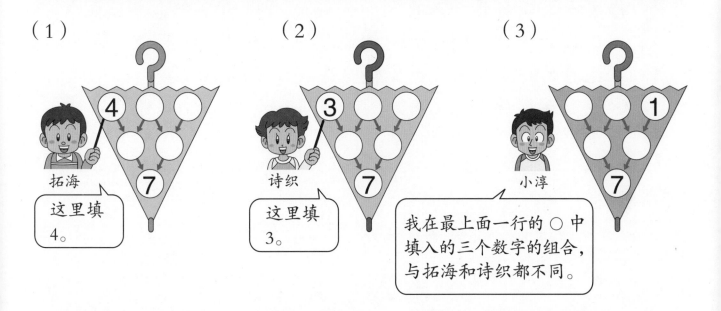

拓海 这里填4。

诗织 这里填3。

小淳 我在最上面一行的 ○ 中填入的三个数字的组合，与拓海和诗织都不同。

4 三个人的雨伞上最下面的 ○ 中的数字都是10。在 ○ 中应分别填入什么数字呢？（○ 中不填0。）

（1）　　　　　　　　　　（2）　　　　　　　　　　（3）

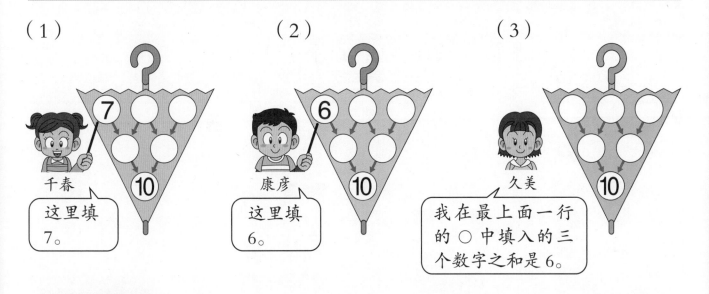

千春 这里填7。

康彦 这里填6。

久美 我在最上面一行的 ○ 中填入的三个数字之和是6。

皮格马博士小课堂

注意 ○ 中的数字应大于或等于1。在 **4**（1）中，⑦→○→⑩的 ○ 中的数字只可能为8或9，填入9后，会发现其他 ○ 内的数字无法满足规则。解答完问题后，大家试着自己设计益智游戏并解答吧。

大家都来指一指

仔细阅读 规则 ，回答问题吧。

规则

1. 五个人抢序号为 Ⓐ～Ⓔ 的五件物品。
2. 五个人同时指向各自想要的物品。如果没有其他人与自己指的物品相同，就可以获得这件物品。如果有人与自己指的物品相同，大家便无法获得该物品。
3. 没有获得物品的人继续游戏。但是，不能重复选择同一件物品。

小光

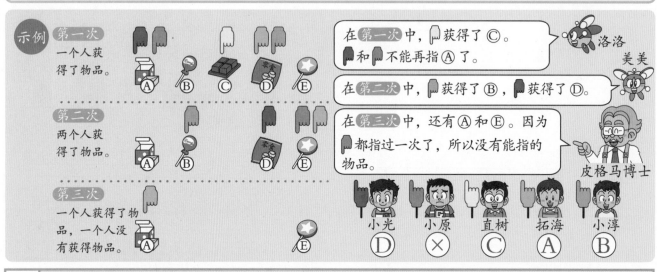

---

1 五个人都获得了物品。在 ☝ 中涂上恰当的颜色，在 ○ 中写出恰当的编号吧。

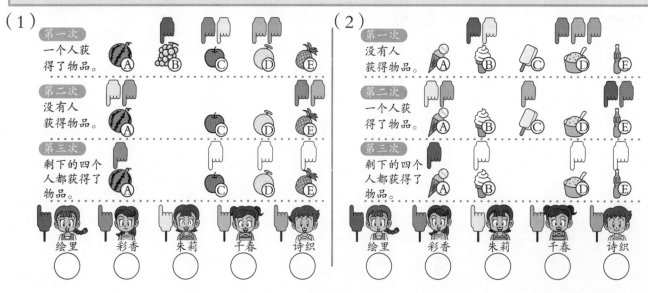

2 已知五个人分别获得了如下物品。在 第一次 和 第二次 中，每个人都指了什么物品呢？给右侧的 👇 涂上恰当的颜色吧。

（1）

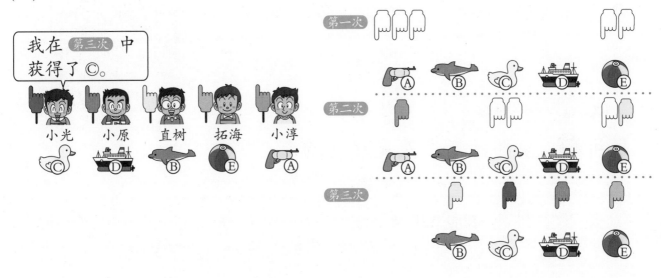

我在 第三次 中获得了 ©。

小光　小原　直树　拓海　小淳

（2）

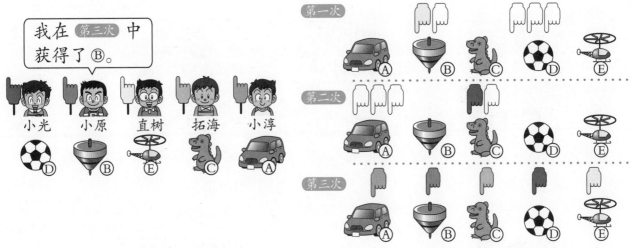

我在 第三次 中获得了 ⑧。

小光　小原　直树　拓海　小淳

皮格马
博士
小课堂

需要注意的是，在 第一次 、 第二次 、 第三次 中，同一个人不会指向相同的物品。

交换礼物吧

八个人使用折纸来确定谁与谁交换礼物。仔细阅读
交换方法，回答问题吧。

交换方法

❶折纸上有八位小朋友的照片。

❷将折纸沿 Ⓐ～Ⓓ 中任意一条线对折。

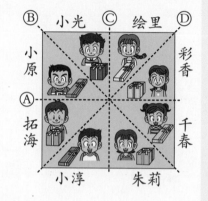

 沿 Ⓐ 对折   沿 Ⓑ 对折   沿 Ⓒ 对折   沿 Ⓓ 对折

❸折叠后重叠的两个人交换礼物。

---

1 如下图，沿不同的线折纸时小光（ ）分别和谁交换
了礼物？用 ○ 圈出与小光交换礼物的小朋友吧。

示例　沿 Ⓒ 对折

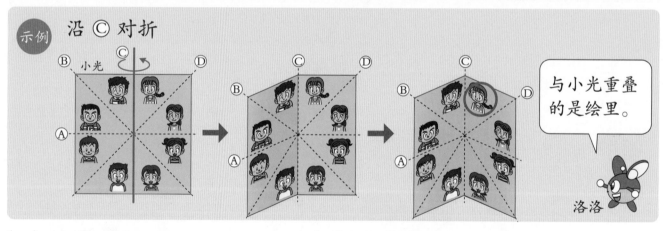

与小光重叠
的是绘里。

洛洛

（1）沿 Ⓐ 对折。

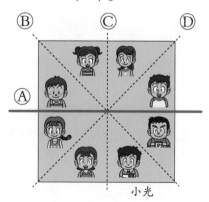

（2）沿 Ⓓ 对折。

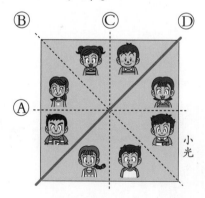

2 为了让以下两位小朋友交换礼物，应该沿 Ⓐ～Ⓓ 的哪条线对折呢？在 ○ 中写出恰当的编号吧。另外，折叠后，小原（🙂）和谁交换了礼物？用 ○ 圈出来吧。

（1）拓海和千春交换礼物时。

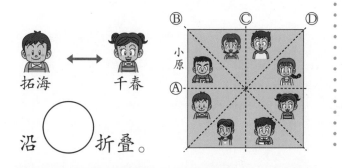

沿 ○ 折叠。

（2）彩香和小淳交换礼物时。

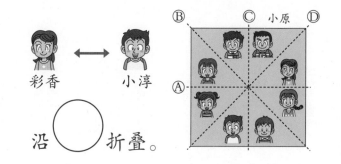

沿 ○ 折叠。

3 为了让男孩子和男孩子交换礼物，女孩子和女孩子交换礼物，应该沿 Ⓐ～Ⓓ 的哪条线对折呢？在 ○ 中写出恰当的编号吧。

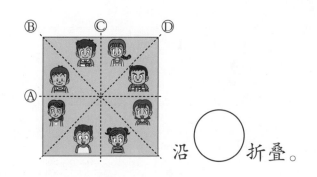

沿 ○ 折叠。

4 为了让男孩子都和女孩子交换礼物，应该沿 Ⓐ～Ⓓ 的哪条线对折呢？在 ○ 中写出恰当的编号吧。

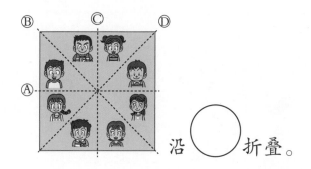

沿 ○ 折叠。

皮格马博士小课堂

准备折纸，分别尝试四种折法吧。仔细想一想，根据不同的折法，重叠的两个人会发生怎样的变化。

红嘴巴怪物、蓝嘴巴怪物

红嘴巴怪物（ ）能将所在格子横向和纵向的所有格子中的食物全部吃掉（图1）。蓝嘴巴怪物（ ）能将自己所在格子外围一圈格子中的食物全部吃掉（图2）。

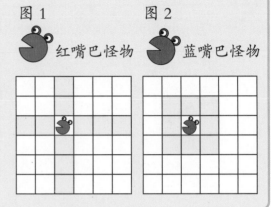

图1　红嘴巴怪物
图2　蓝嘴巴怪物

1 如下图，有三个怪物。有一些食物三个怪物都无法吃到，在 □ 中写出无法吃到的食物的数量吧。

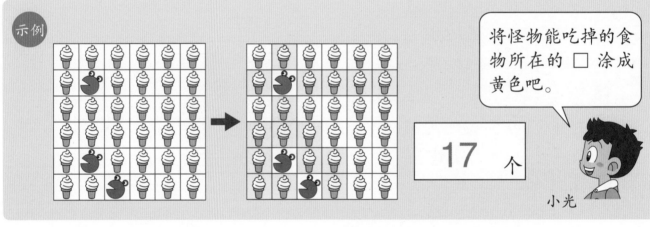

示例

→

17 个

将怪物能吃掉的食物所在的 □ 涂成黄色吧。

小光

（1）

个

（2）

个

2 格子中有三个怪物，三个怪物都无法吃到的食物，最少有几个？最多有几个？分别在图中画出怪物的放法吧（每小题画一种放法即可）。请将放 🐸 的 □ 涂成红色，放 🐸 的 □ 涂成蓝色，并将能吃掉的食物所在的 □ 涂成黄色吧。

（1）无法吃到的食物最少时。

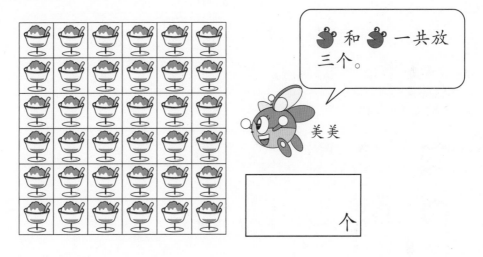

🐸 和 🐸 一共放三个。

美美

个

（2）无法吃到的食物最多时。

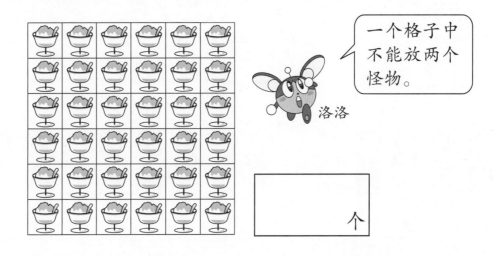

一个格子中不能放两个怪物。

洛洛

个

皮格马
博士
小课堂

在 **2** 中，请分别尝试思考当红嘴巴怪物和蓝嘴巴怪物的数量分别为3和0、2和1、1和2、0和3时，无法吃掉的食物的数量，然后确定数量最少的组合和最多的组合。

书包在哪里

将带有编号的书包，按照 规则 放进架子。

规则
1. 纵向摆放在架子上时，书包的编号从上至下越来越大。
2. 横向摆放在架子上时，书包的编号从左至右越来越大。

1 五位小朋友将带有 ○ 的书包放在架子上。在 ○ 中写出恰当的书包编号吧。

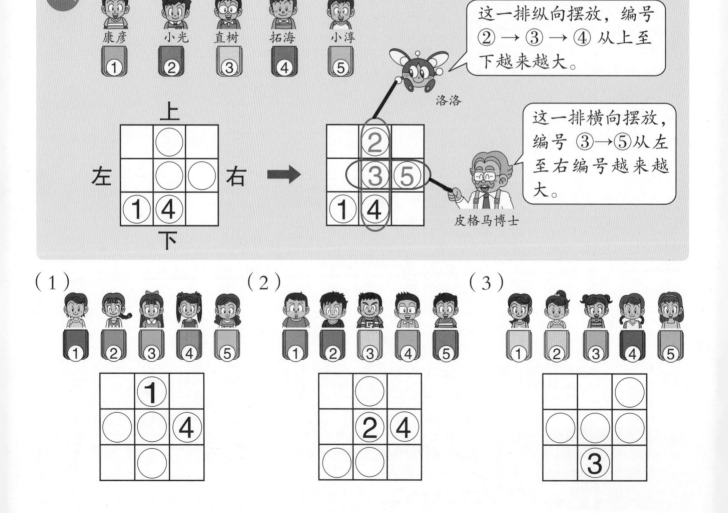

（1）　　　　　　　（2）　　　　　　　（3）

完成后贴
上鼓励贴
纸吧！

2 九位小朋友将带有 ○ 的书包放在架子上。在 ○ 中写出恰当的书包编号吧。

（1）

（2）

（3）

（4）

皮格马
博士
小课堂

按数字的大小顺序思考数字的排法。确认剩余的数字后，查找能放入已知数字的前后左右的数字吧。

徒步大赛

小朋友们参加徒步大赛，从 起点 到 终点 的路线只有一条。洛洛从直升机上拍摄了若干张大家徒步时的照片。

1 拍出来的路线有被遮挡的部分，请帮忙选出正确的局部照片补全被遮挡的路线，并在 □ 的 □ 中写出恰当的照片编号吧。

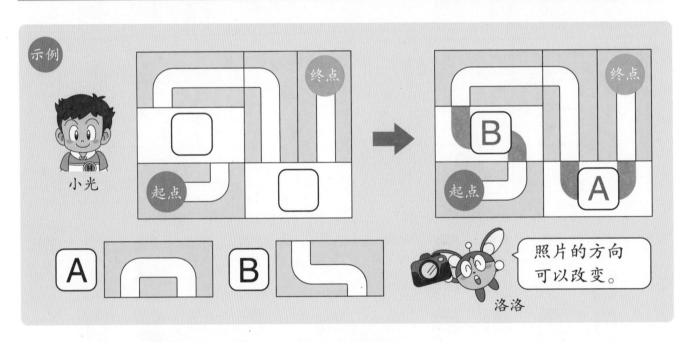

照片的方向可以改变。

洛洛

绘里

2 为了将路线补全，请在 ▭ 中的 ☐ 中写出恰当的照片编号吧。距离 终点 最近的人是谁呢？从距离 终点 最近的小朋友开始，在 ☐ 中按照距离 终点 由近及远的顺序为小朋友们排序。

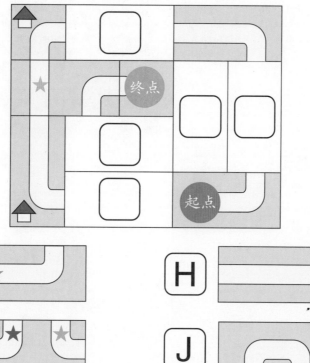

我的位置是★。

直树 ☐

我的位置是★。

千春 ☐

我的位置是★。

小原 ☐

我的位置是★。

彩香 ☐

皮格马博士小课堂

尝试在脑海中改变照片的方向，把道路补充完整吧。想好照片的恰当位置后，可以试着在对应的位置画出道路。

难度 ★★

海边派对

如右图，海边摆放着写有数字编号 1～80 的游泳圈。小光和小朋友们每个人都坐在一个游泳圈上。博士在 A ～ D 的位置分别拍照。拍照时，大家都面朝相机。

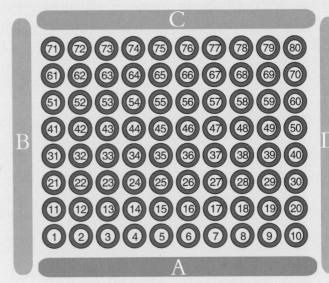

面朝相机的方向坐好吧！

 绘里　　 皮格马博士

---

1 已知博士拍照的位置，大家分别坐在几号游泳圈上？在 □ 中写出恰当的数字吧。

（1）在 D 位置拍照。

 洛洛

如果在 D 位置拍照，80 的后面是 79。所以，彩香坐在了 79 号游泳圈上。

彩香	小原
79	

（2）在 A 位置拍照。

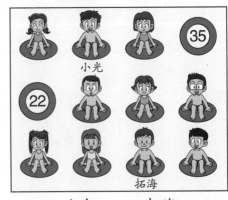

小光	拓海

32

2 根据三个人的话，思考下面的照片是博士从哪个位置拍摄的，在 ⬭ 中写出恰当的编号。

 我是72。 绘里

 我是44。 千春

 我是63。 直树

博士是从 ⬭ 位置拍的。

3 根据 **1**（1）、（2）和 **2** 的三张照片以及诗织的话，思考诗织和小淳坐的游泳圈序号，并在 □ 中写出编号吧。

 拍摄左边的照片时，小淳就在我的前面。但是，这张照片没有拍到小淳呢。 诗织

诗织 □　　小淳 □

 皮格马博士小课堂

找一找前后左右的数字规律吧。是1个1个增加，还是10个10个增加，据此就能推断出拍摄照片的位置了。再确认一下，每张照片拍到的十二个人位于全图的哪个部分吧。

制作标本箱

1 大家在制作标本箱，然后在箱中加入隔板，使每个隔间中有且只有一只昆虫。使用尺子，用直线连接 • 与 •，将昆虫隔开吧。

示例 画两条笔直的线，制作三个隔间吧。

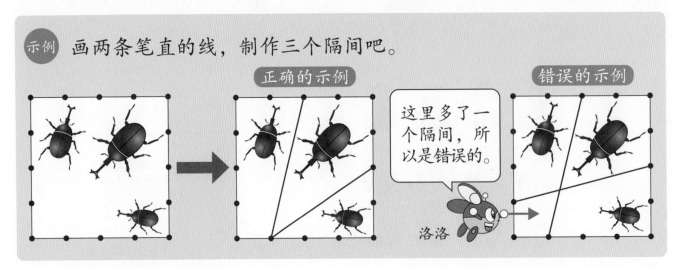

正确的示例

这里多了一个隔间，所以是错误的。

洛洛

错误的示例

（1）画两条笔直的线，制作四个隔间吧。

（2）画三条笔直的线，制作五个隔间吧。

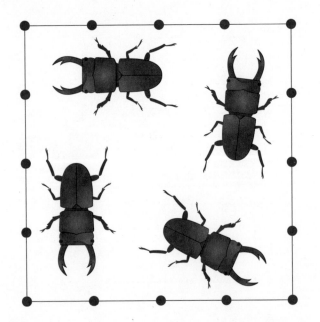

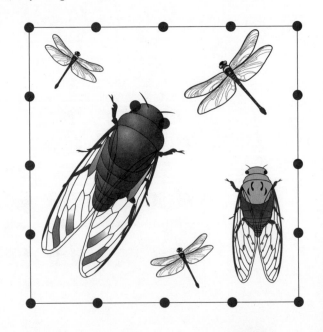

线要连接 • 与 •，而且要是笔直的。

皮格马博士

（3）画三条笔直的线，制作六个隔间吧。

①

②

（4）画三条笔直的线，制作七个隔间吧。

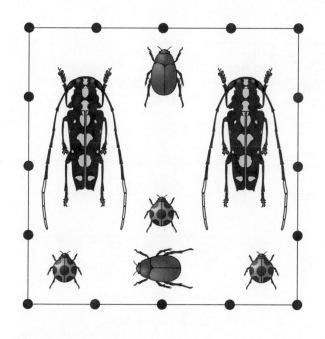

用尺子画线吧。

美美

皮格马
博士
小课堂

使用尺子，用直线连接 ● 与 ●。一边挪动尺子，一边找出能将昆虫隔开的位置吧。

这个暑假好开心

纸条上印着小朋友们的头像以及暑假的回忆。

1 沿着红线（┃）折叠纸条，与小朋友们的头像重叠的部分分别是每个人暑假旅行的地方、参加的活动、努力做的事情等。在 ☐ 中写出恰当的词语吧。

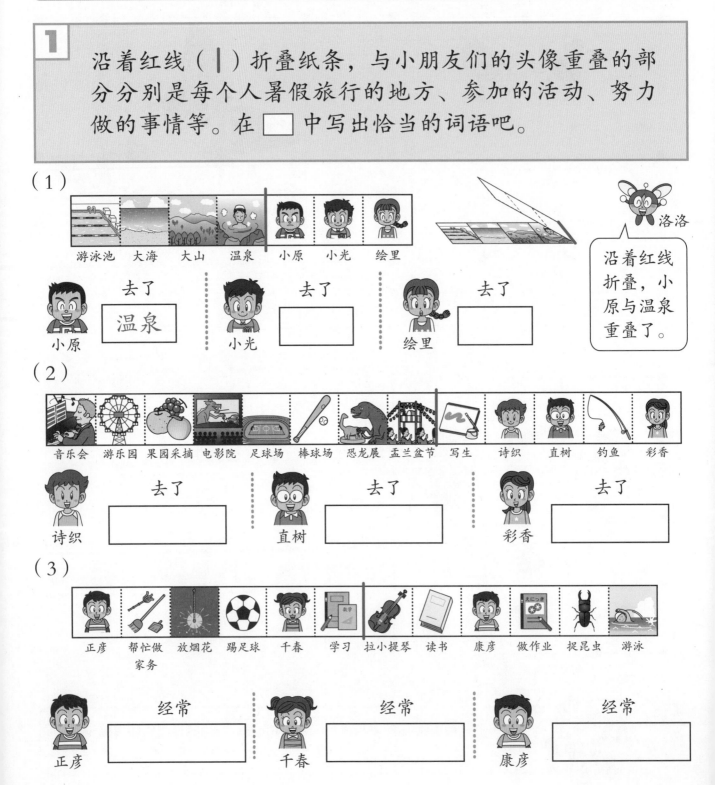

（1）

游泳池　大海　大山　温泉　小原　小光　绘里

洛洛

沿着红线折叠，小原与温泉重叠了。

小原　去了 | 温泉
小光　去了
绘里　去了

（2）

音乐会　游乐园　果园采摘　电影院　足球场　棒球场　恐龙展　盂兰盆节　写生　诗织　直树　钓鱼　彩香

诗织　去了
直树　去了
彩香　去了

（3）

正彦　帮忙做家务　放烟花　踢足球　千春　学习　拉小提琴　读书　康彦　做作业　捉昆虫　游泳

正彦　经常
千春　经常
康彦　经常

2 大家一起去参加了夏日庆典活动，应该在卡片的哪个位置折叠呢？

（1）小淳玩了捞金鱼，折叠时与渔网（ ⚲ ）重叠的金鱼（ 🐟 ）就表示捞到了金鱼。在哪个位置折叠得到的 🐟 最多？用 | 描画恰当的 ┊。

（2）折叠纸条时，与大家的头像重叠的美味就是每个人想要吃的食物。根据大家的话，用 | 描画恰当的 ┊。

① 炒面　烤鱿鱼　炒面　千春　刨冰　烤鱿鱼　炒面　小原　炒面　章鱼小丸子　炒面　棉花糖　炒面

美美：只能折叠一处。

小原：我想吃炒面。

千春：我不怎么喜欢炒面，其他都喜欢。

② 苹果糖　棉花糖　苹果糖　拓海　苹果糖　薯条　炒面　棉花糖　朱莉　棉花糖　章鱼小丸子　法兰克福香肠　棉花糖

拓海：我不喜欢苹果糖。

朱莉：我昨天刚吃了棉花糖，其他都可以呀。

皮格马博士小课堂

在 **2**（2）中，共有十二处可折叠，全部试一试，将在每个位置折叠后的结果记录下来吧。

水果卡片剪剪乐

将右侧的水果卡片 ，依照 规则 分别剪出不同的图形。

水果卡片

规则

❶ 沿着 •—• 剪开。

❷ 将水果卡片剪出一个五个水果相连的图形。

❸ 每剪开一条 •—•，发出 1 次咔嚓声。

符合规则的剪法

 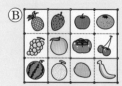

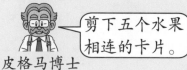

剪下五个水果相连的卡片。

皮格马博士

Ⓐ、Ⓑ 都是五张卡片相连。剪 Ⓐ 时发出了 8 次咔嚓声，剪 Ⓑ 时发出了 7 次咔嚓声。

洛洛

不符合规则的剪法

Ⓒ、Ⓓ 中五张水果卡片组成的形状不算相连。

美美

1 已知小光卡片的剪法。在 □ 中写出恰当的数字吧。

 示例

我剪卡片时发出了 8 次咔嚓声。

小光

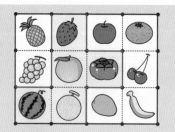

8 次咔嚓声

（1）

绘里

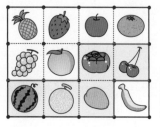

___ 次咔嚓声

（2）

小原

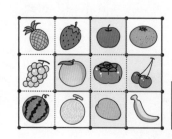

___ 次咔嚓声

2

已知彩香和直树剪下的卡片中三张水果卡片的位置。猜一猜，他们分别是如何剪的？用 ━ 描画正确的 ⋯⋯。

（1）

我剪时，发出了7次咔嚓声，剪下的卡片中有 、 、 。

彩香

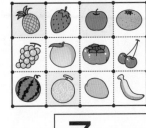

| 7 | 次咔嚓声 |

（2）

我剪时，发出了8次咔嚓声，剪下的卡片中有 、 、 。

直树

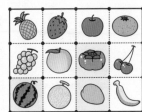

| 8 | 次咔嚓声 |

3

朱莉和小伙伴们剪下的卡片形状相同，并且四个人都剪下了一张 。根据大家的话和咔嚓声次数，想一想，他们是如何剪的呢？用 ━ 描画正确的 ⋯⋯。

（1）

朱莉

我剪下的卡片中还有 。

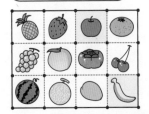

| 4 | 次咔嚓声 |

（2）

小淳

我剪下的卡片中还有 。

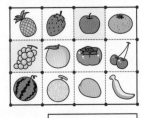

| 5 | 次咔嚓声 |

（3）

千春

我剪下的卡片中还有 和 。

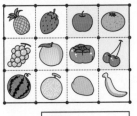

| 6 | 次咔嚓声 |

（4）

拓海

我剪下的卡片中还有 和 。

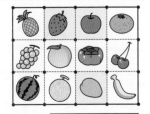

| 7 | 次咔嚓声 |

注意，四个人剪下的卡片形状相同。

皮格马博士小课堂

平面上，五个正方形边与边规整相连的图形，叫作"五联骨牌"，共有十二种排列方式（旋转、翻转后相同的形状计为一种形状）。本题中出现了八种形状。试着画出剩余的几种形状吧。

你能看到谁

在印有大家表情的图片上，放一张有孔的卡片，然后，说一说能看到谁？（注意红卡与蓝卡的标签位置不同。）

照片　　　　红卡　　　　蓝卡

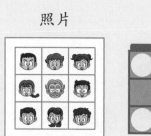 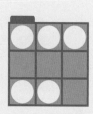 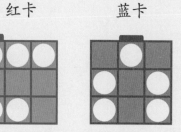

如果将红卡放在照片上，会有四个人看不到。

洛洛

1 将卡片按照如下方向摆放，能看到谁？把能看到的人用 ○ 圈出来吧。

示例　放上红卡。

仔细观察红卡的标签，想一想红卡的放置方向，找到孔的位置吧。

用 ○ 圈出能看到的人吧。

皮格马博士

小光

（1）放上红卡。

（2）放上蓝卡。

（3）在红卡上再放上蓝卡。

2 按照 Ⓐ 的提示放上红卡，然后将蓝卡叠放在红卡上。将 Ⓑ 中恰当的 ▭ 涂成蓝色，再用 ○ 圈出能看到的人吧。

（1）放上卡片后，看到的人最多。

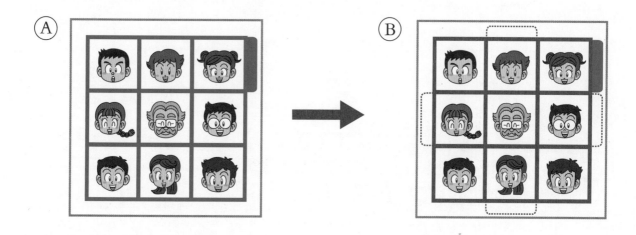

（2）放上卡片后，看到的人最少。

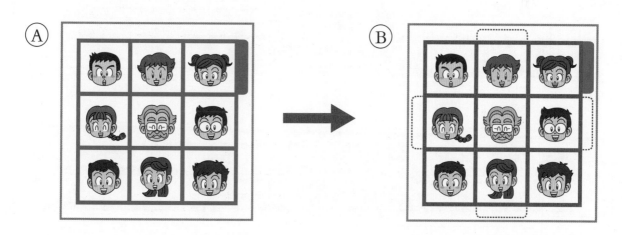

皮格马
博士
小课堂

改变卡片的方向，看看孔的位置会如何改变吧。请注意卡片标签的位置。红卡和蓝卡重叠时，首先在红卡的孔位上做出标记，然后再在蓝卡的孔位上做出标记，逐步思考找出答案吧。

加速吧，迷你列车

照片中是由列车头（🚂）拉着车厢（🚃）前进的迷你列车，列车头与车厢的长度相同。

1 照片中拍到了两列正在穿越隧道（▓）的迷你列车，哪列车长？在较长的那列车对应的 □ 中画 ○ 吧。

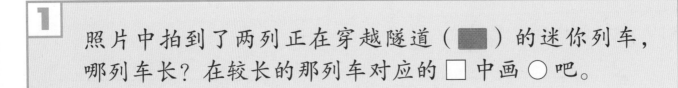

比较一下没有被隧道挡住的那部分的长短吧。列车头和车厢长度相同，可以把蓝色列车计作四节，粉色列车则为三节，所以蓝色列车长。

皮格马博士

示例

（1）

（2）

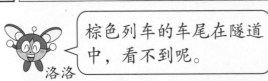
棕色列车的车尾在隧道中，看不到呢。

洛洛

（3）

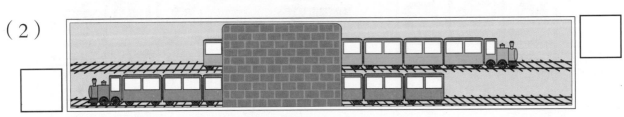

2 两列迷你列车停驶时，同时拍摄了 Ⓐ、Ⓑ 两张照片。因为分别在照片上的不同位置放了卡片 ，所以照片中都有被遮挡的车厢。观察 Ⓐ 照片，在 Ⓑ 照片中，用对应的颜色涂出恰当数量的 🚃 吧。

（1）

> Ⓐ、Ⓑ 是同时拍摄的照片。只是卡片放置位置不同。
>
> 美美

Ⓐ

Ⓑ
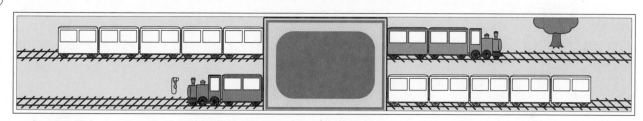

（2）

> 被卡片挡住后，黄色列车的火车头看不到了。

Ⓐ
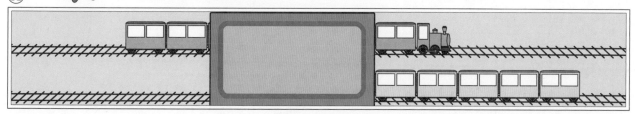

Ⓑ
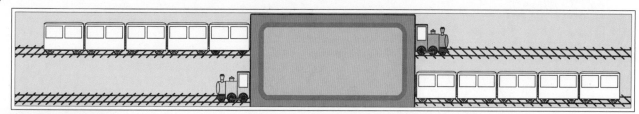

皮格马博士小课堂

在比较长度的问题中，使"一端对齐"是基本的比较方法。这个问题也一样，想一想，如果一端对齐后会怎样。

分房间

有三只绵羊（）、两只山羊（ ）、两只小猪（ ）。在房子中放入隔板，将房子分成七个房间。然后把七只动物，按照 规则 赶入房间。

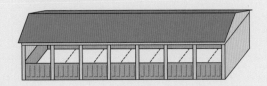

规 则

❶ 一个房间（□）赶入一只动物。

❷ 只需要在不同种类的动物之间放入隔板。请用 │ 描画需要放入隔板处的 ┊ 。

1 将七只动物按下图顺序赶入房间，需要在哪里放入隔板？请用 │ 描画需要放入隔板处的 ┊ 。

示例

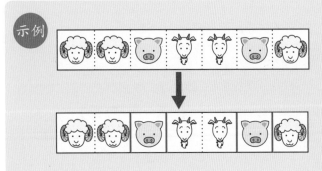

从左侧开始依序观察吧。首先是绵羊，在绵羊与小猪之间放入隔板吧。同理，在不同种类的动物之间放入隔板，这样，一共放入了四块隔板。

皮格马博士

（1）

（2）

2 小光和小朋友们依序将七只动物赶入了房间。请将赶入绵羊（🐑）的□涂成黄色，赶入小猪（🐷）的□涂成蓝色，赶入山羊（🐐）的□涂成绿色吧。如果需要放置隔板，请用 | 描画需要放入隔板处的 ┊。

（1）已知放入隔板的位置，七只小动物分别在哪个房间呢？

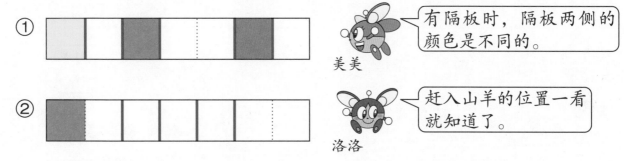

① 有隔板时，隔板两侧的颜色是不同的。

美美

② 赶入山羊的位置一看就知道了。

洛洛

（2）已知大家放入隔板的数量，七只小动物分别在哪个房间呢？

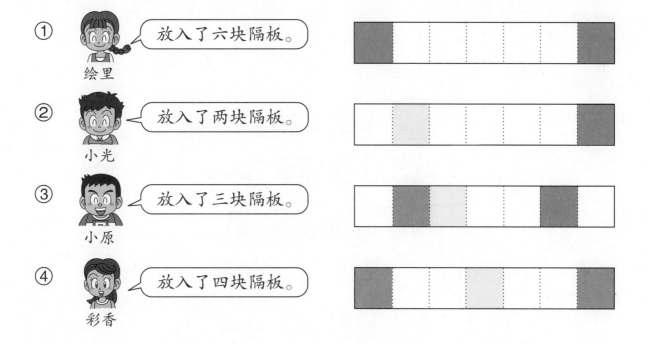

① 绘里 放入了六块隔板。

② 小光 放入了两块隔板。

③ 小原 放入了三块隔板。

④ 彩香 放入了四块隔板。

皮格马博士小课堂

分割线的数量最多为六条，想一想，使用六条分割线的排列方法一共有几种？请耐心思考一下吧。

分邮票

小朋友们从邮局买回来一些邮票，请根据大家的描述，帮小朋友们分一分邮票吧。注意，每个小朋友分得的邮票都是相连的。

1 小光和小朋友们买回的是整版"世界名车"邮票。他们想要将邮票分开，使每个人的邮票面值合计都是6元。请在恰当的位置用 —— 描画 ……，帮小朋友们分一分吧。

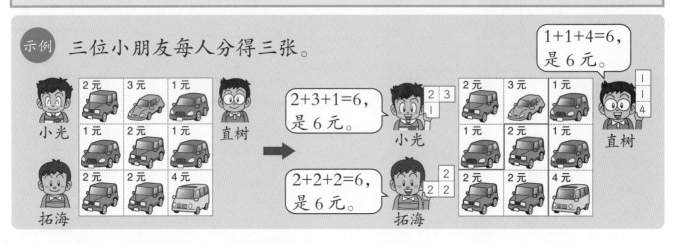

（1）三位小朋友每人分得三张。

（2）三位小朋友分别得到了两张、三张、四张邮票。

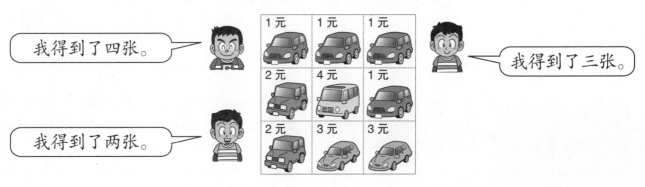

2 绘里和小朋友们买回的是整版"世界宝石"邮票。她们想要将邮票分开，使每个人的邮票面值合计都是 10 元。请在恰当的位置用 —— 描画 ………，帮小朋友们分一分吧。

（1）三个人，每人分到两张邮票。

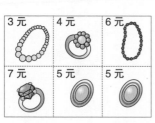

（2）四个人，每人分到三张邮票。

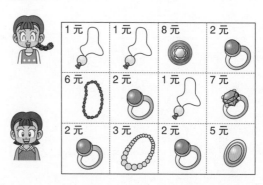

3 小原和小朋友们买回的是整版"世界美食"邮票。他们想要将邮票分开，使每个人的邮票面值合计都是 10 元。将每人分到的邮票，涂上与他们帽子相同的颜色吧。注意，没有人拿到两张相同面值的邮票。

我买了四张。将我的邮票涂成红色吧。

我买了三张。有一张面值是 6 元。将我的邮票涂成黄色吧。

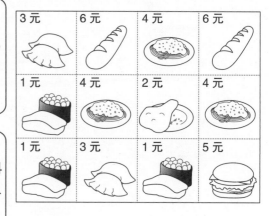

我买了两张。将我的邮票涂成绿色吧。

我也买了三张。有一张面值是 4 元。将我的邮票涂成蓝色吧。

皮格马博士小课堂

将 10 分解成两个数的方法有五种，分别为 9+1、8+2、7+3、6+4、5+5。将 10 分解成三个数的方法有几种？仔细想一想吧。

万圣节捣蛋

万圣节，小朋友们都扮成可爱的妖怪，一路走一路要零食。
🏠、🏠 的主人会给零食，无论从哪间房子的门前走过，主人都会给一种零食。

大家从 起点 向 终点 前进，路线不能重复。

1 如右图，已知在每间 🏠 能得到的零食种类是固定的。小光和小朋友们是按怎样的路线前进的呢? 从得到的零食开始思考，用 → 画出前进路线吧。

示例

我得到了 ▬、▨、◗。

小光

从得到的零食种类，就能知道从哪间房子的门前走过了。注意，不要走到其他房子的门前。用 → 画出路线吧。

洛洛

（1）我得到了 ▬、▨、❀、◐。

拓海

（2）我得到了 ▬、▨、❀、🧁、▬、◐。

小原

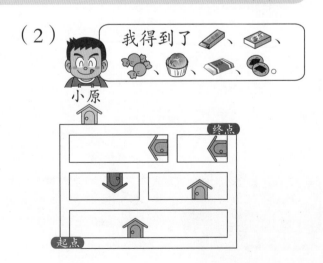

2 绘里和小伙伴们一共四个人，按照下图路线前进并得到了零食。观察四个人的前进路线以及得到的零食，想一想在哪个 🏠 得到了哪种零食，给下方的 🏠 涂上恰当的颜色吧。

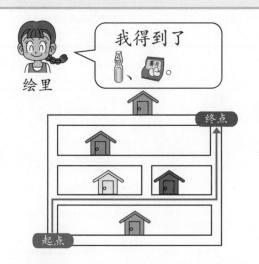

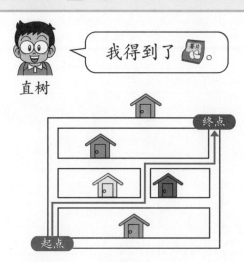

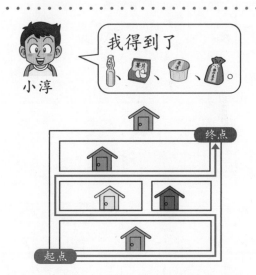

美美

皮格马博士小课堂 在 **2** 中，仔细对比四个人得到的零食和通过的房子吧。只有彩香通过的房子的主人给了她什么零食呢？仔细思考一下吧。

万圣节变身

在万圣节庆典中，大家拍摄了"变身照片"。只要按下"变身机"上的按键（●），就可以将变身道具（斗篷或帽子等）涂上自己喜欢的颜色。变身机器有1号、2号、3号三台。

1号变身机

1 小光和绘里使用了 1号变身机 ，已知按下了哪些按键，请给绘里的照片涂上恰当的颜色吧。

斗篷对应三个按键，小光按下了最左边的按键，所以斗篷是紫色的。

示例 斗篷 帽子 南瓜 小光 皮格马博士 绘里

2 因为用了太久，变身机的按键说明看不清了，你知道哪个道具对应哪个按键吗？Ⓐ、Ⓑ、Ⓒ又分别代表什么颜色？

（1）小原和彩香使用了 2号变身机 ，根据小原和彩香两个人按下的按键和他们的照片，给下图中 Ⓐ～Ⓒ 对应的 涂上恰当的颜色，在 ①～③ 的 中写出道具的名称（帽子、斗篷、星星）吧。

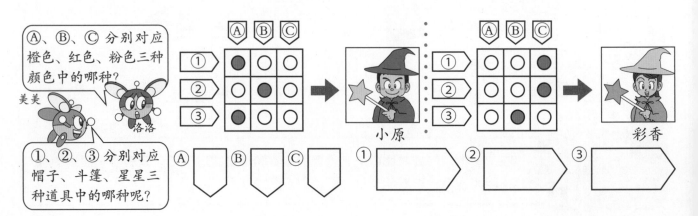

Ⓐ、Ⓑ、Ⓒ分别对应橙色、红色、粉色三种颜色中的哪种？

美美 洛洛

①、②、③分别对应帽子、斗篷、星星三种道具中的哪种呢？

Ⓐ Ⓑ Ⓒ 小原 ① ② ③ 彩香

（2）直树、千春和拓海使用了 3号变身机 ，根据三个人按下的按键和三个人的照片，给下图的 Ⓐ～Ⓓ 对应的 ⬡ 涂上恰当的颜色，在 ①～③ 的 ⬠ 中写出道具的名称（帽子、蝙蝠、妖怪）吧。

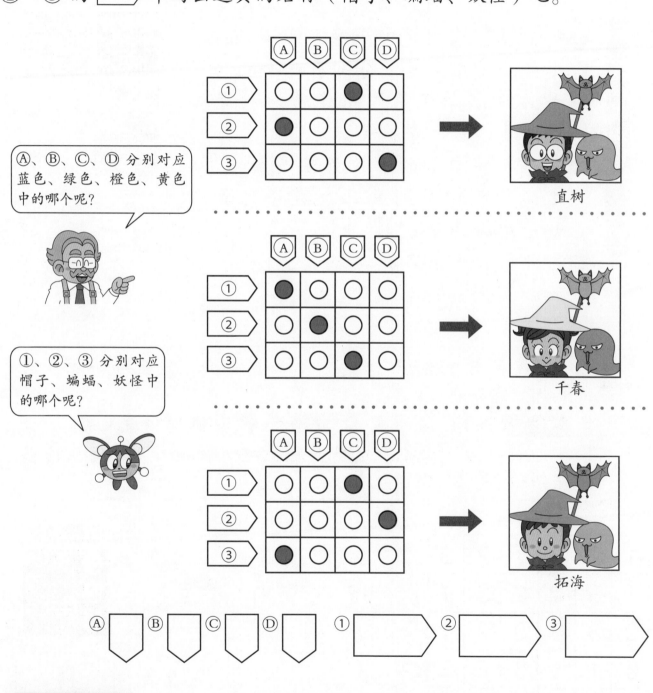

Ⓐ、Ⓑ、Ⓒ、Ⓓ 分别对应蓝色、绿色、橙色、黄色中的哪个呢？

①、②、③ 分别对应帽子、蝙蝠、妖怪中的哪个呢？

直树

千春

拓海

皮格马博士小课堂

在 ②（2）中，使用的颜色是蓝色、绿色、橙色、黄色。从三个人没有使用的颜色入手，更容易判断。

猜数字

使用三张有孔的卡片和 数字板 玩游戏。仔细阅读 规则 ，回答问题吧。

规则

❶如右图，有红色、蓝色、绿色三张卡片，每张卡片上分别有三个孔。

❷卡片可以向任意方向旋转后放置，注意要占据九个格子。

❸每个人将自己的卡片放在 数字板 上，从孔中看到的三个数字之和，就是所得的分数。

❹按照得分排出名次。

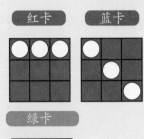

红卡　蓝卡

绿卡

卡片的放置方向不止一种！

皮格马博士

---

1 已知从卡片孔中看到的数字，你知道小光、绘里和小原分别将卡片放在哪里了吗？

像 红卡 那样，将放置 蓝卡 和 绿卡 的位置，在 数字板 上用对应颜色的线画出来吧。再在 □ 中写出恰当的得分和名次。

数字板

1	2	3	1	2	3
1	3	1	2	3	1
2	3	3	3	2	1
3	1	1	3	2	3
2	2	3	2	3	3
2	1	3	2	1	3

从红卡孔中看到的数字是3、3、2，只有这里纵向排列着3、3、2，用红色画出线框吧。

洛洛

示例　红卡

小光

③
③
②

3+3+2=8，8分。在三人中得分最高。

8 分

第 **1** 名

蓝卡 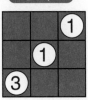 绘里

分

第　　名

绘里  小原

分

第　　名

2 已知放卡片的位置，但不知道卡片的旋转方向。根据三个人的名次，思考每个人放置卡片的方向，在有孔的位置画 ○，并写出从孔中看到的数字。再在 □ 中写出恰当的得分。

数字板

1	2	3	1	2	3
1	3	1	2	3	1
2	3	3	3	2	1
3	1	1	3	2	3
2	2	3	2	3	3
2	1	3	2	1	3

从彩香的卡片的孔中，能看到的数字之一是 3。

红卡

 彩香

分

第 **1** 名

蓝卡

  拓海

分

第 **2** 名

绿卡

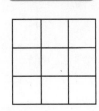 诗织

分

第 **3** 名

皮格马
博士
小课堂

红卡和绿卡有四种放法，蓝卡有两种放法。在 **2** 中，将卡片的放法全部查看一遍吧。

谁是真正的博士

今天是平安夜，装扮成圣诞老人的博士给小朋友们分别送去了礼物。下面 Ⓐ～Ⓘ 的九张照片中只有三张照片拍到的是博士，这三张照片中的圣诞老人，穿戴的衣物（帽子、上衣、裤子、靴子、手套、腰带）和装礼物的袋子是相同的，但礼物的颜色或形状是不同的。

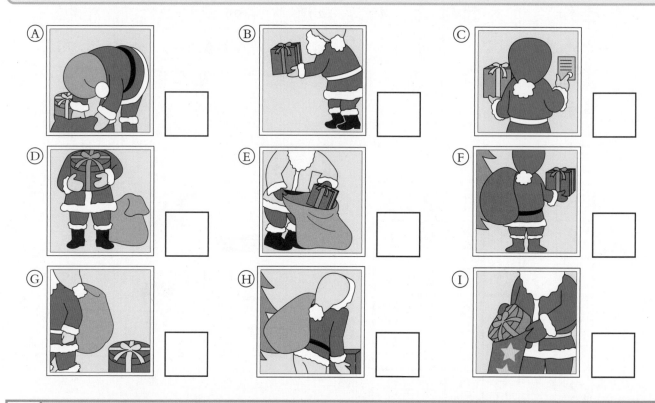

1 博士装扮的圣诞老人说："我的上衣和裤子是相同的颜色。但是帽子与上衣和裤子的颜色不同。"根据这句话，可以发现上面的照片中有四张照片拍到的不是博士，请找出来，并在对应的 □ 中画 ×。

2 从 **1** 中没有画 × 的五张照片中，找出三张博士的照片，并在对应的 □ 中画○。

3 四位小朋友得到的礼物分别是下方 ①～④ 中的哪一个？观察 **2** 中选出的三张照片，以及右侧的 **J** 照片，给 ①～④ 的礼物盒涂上恰当的颜色，并在 □ 中写出恰当的编号吧。

美美

小原的礼物盒是绿色。

小原　皮格马博士

洛洛

注意丝带的颜色和盒子的形状，仔细思考盒子的颜色吧。

① 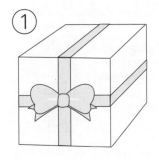　② 　③ 　④

我得到的礼物盒是蓝色的。

小光　□

我得到的礼物盒是红色的。

绘里　□

我得到的礼物盒有黄色的丝带。

小原　□

我得到的礼物盒上的丝带不是绿色的。

彩香　□

皮格马博士小课堂

仔细对比每张照片，去寻找符合条件的和不符合条件的照片吧。

各式各样的房子

小光和小朋友们帮圣诞老人送礼物。

1 一共五个人，每人送一个礼物，说一说，他们分别给哪户送了礼物？根据送达礼物的房子的 俯视图 （从正上方看到的图）和 正视图 （从前面看到的图），在 ◯ 中写出恰当的编号吧。

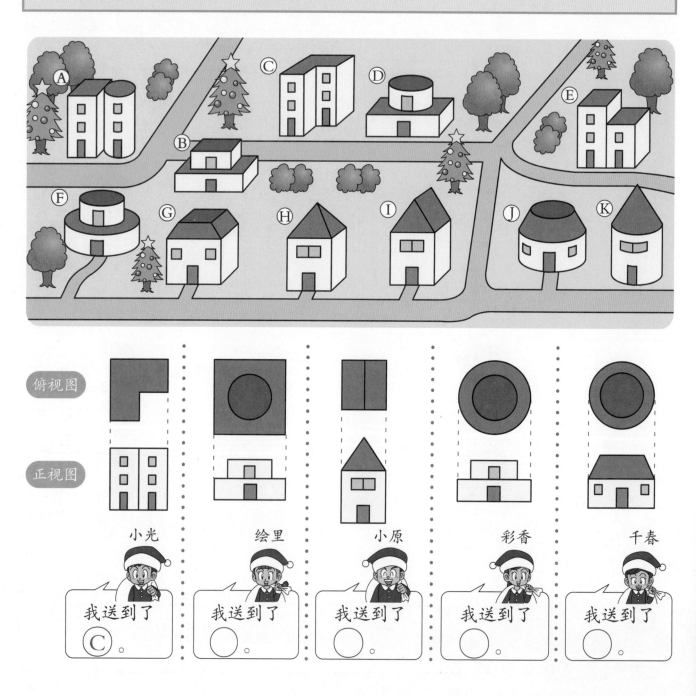

俯视图

正视图

小光	绘里	小原	彩香	千春
我送到了 ⓒ。	我送到了 ◯。	我送到了 ◯。	我送到了 ◯。	我送到了 ◯。

2 还没有送出的礼物盒堆在一起，根据大家的视角来思考，给礼物盒涂上颜色吧。蓝色、红色、绿色三种颜色的礼物盒分别有四个。

（1）

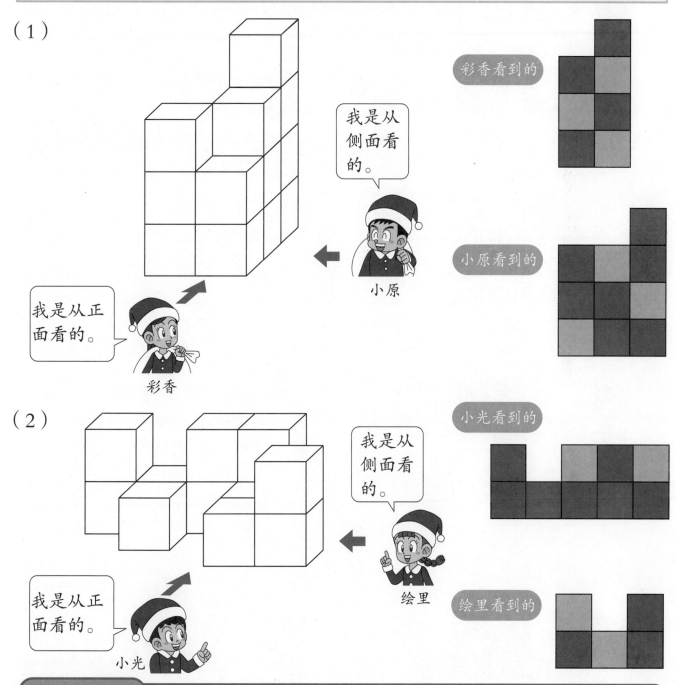

（2）

皮格马
博士
小课堂

在 **2**（2）中，有的礼物盒是小光和绘里两个人都看不到的。根据"三种颜色的礼物盒分别有四个"的条件，思考看不到的礼物盒的颜色吧。

寻找宝船

在宝船图上，重叠粘贴着圆形的七福神贴纸。想要获得宝船上的宝物，需要揭掉七福神贴纸，让方形的宝船图全部露出来。从最上方的贴纸开始，依次揭掉遮住宝船的七福神贴纸，并且尽可能让揭掉贴纸的数量最少。

七福神贴纸

弁财天（红色）　毗沙门天（蓝色）　布袋和尚（绿色）　寿老人（黄色）　惠比寿（橙色）　大黑天（浅蓝色）　福禄寿（紫色）

宝船图

1 如下图，宝船图上粘贴着贴纸，应该按照什么顺序揭掉七福神贴纸呢？给 ○ 涂上恰当的颜色吧。

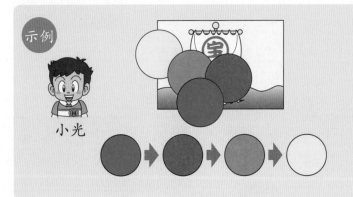

示例

小光

首先，需要确认哪张七福神贴纸在最上面，然后依次按照 ●→● → ●→○ 的顺序揭掉贴纸，就能让宝船全部露出来啦。

洛洛

（1）

 小淳

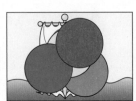

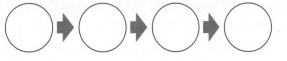

（2）

 绘里

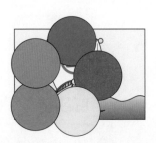

2 揭掉几张七福神贴纸才能让宝船全部露出来呢？在□中写出最少需要揭掉的七福神贴纸的张数吧。

（1）

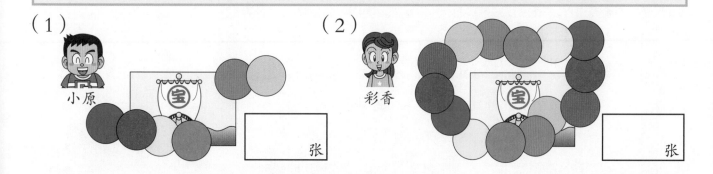

小原

□ 张

（2）

彩香

□ 张

3 有 Ⓐ、Ⓑ、Ⓒ、Ⓓ 四张宝船图，每个人获得的宝船图分别是哪张？根据大家的话，在□中写出恰当的编号（Ⓐ～Ⓓ）吧。

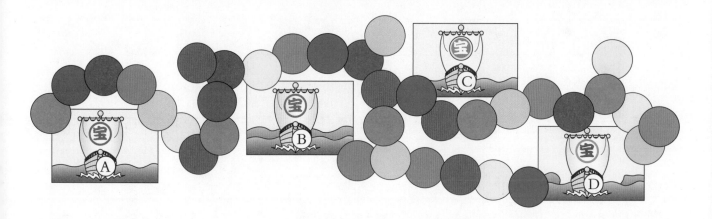

我揭掉了三张贴纸。

直树 □

我揭掉了六张贴纸。

千春 □

我揭掉了五张贴纸。

拓海 □

我揭掉了七张贴纸。

诗织 □

皮格马博士小课堂

解本题需要按照与粘贴顺序相反的顺序揭掉贴纸，一边在需要揭掉的贴纸上画出标记一边思考吧。

扮"鬼"下棋

大家在玩"扮'鬼'下棋"游戏。仔细阅读 规则 ，回答问题吧。

规则

① 确定一个人扮"鬼"。扮"鬼"的人戴上鬼脸面具。

② 每个人依次掷骰子，从 Ⓐ 开始前进，掷出几点就前进几步。这时，"鬼"按照 →（逆时针）的方向前进，不是"鬼"的人按照 →（顺时针）的方向前进。

③ 前进多于五步时，就继续转第二圈。

④ 与"鬼"停在相同位置的人便捉住了"鬼"。

前进方法

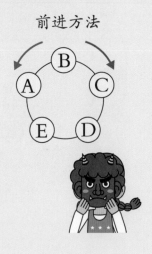

1 每个人掷一次骰子。

（1）四个人玩游戏。骰子的点数如下图。在 ☐ 中写出四个人停下的位置吧。再在 ▭ 中写出捉住"鬼"的人的名字吧。

 示例

小光

因为小光不是"鬼"，所以从 Ⓐ 开始，沿 Ⓑ→Ⓒ 前进。前进六步，转到了 Ⓑ。

美美

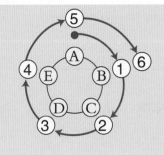

⚅ Ⓑ

绘里

小原

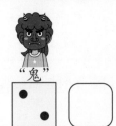
"鬼"

捉住"鬼"的人是

  ☐

  ☐

☐

▭

（2）两人一组玩游戏，大家都捉到了"鬼"。在 □ 中画出恰当的骰子点数吧。

① 彩香 ∶ "鬼"

② 拓海 ∶ "鬼"

③ 千春 ∶ "鬼"

（3）七个人一起玩游戏，有两个人捉到了"鬼"。在 □ 中画出恰当的骰子点数，在 □ 中写出捉住"鬼"的人的名字吧。

正彦　康彦　诗织　直树　朱莉　小淳 ∶ "鬼"

捉住"鬼"的人是 □ 和 □

2 "鬼"掷一次骰子，掷出几点就前进几步。不是"鬼"的人掷两次骰子，前进步数为掷出的点数之和。虽然三个人前进的步数不同，但都捉住了"鬼"。在 □ 中画出恰当的骰子点数吧。

洛洛

三个人停在了相同的位置，但前进的步数却不同。

● 和 □ ⋯ ∴ 和 □ ⋯ ⊞ 和 □ ⋯ "鬼"

皮格马博士小课堂

在 **2** 中，将可能成为骰子点数之和的数，全部写出来吧。然后再一一查看会停在哪里。

冰雪节

难度 ★★

在冰雪节上，有卖纪念品、小吃和甜酒等的摊位。摊位每天按照 规则 更换位置。根据 规则 思考摊位的排列方式，给摊位（🏠）的屋顶涂上恰当的颜色吧。

规 则

❶ 纪念品摊位始终四间排在一起（右图 Ⓐ）。
❷ 卖同种小吃的摊位（右图 Ⓑ），前后或左右相邻排列。
❸ 卖甜酒的摊位，不能前后或左右相邻排列。

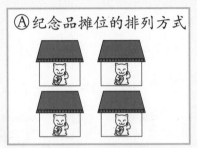

Ⓐ 纪念品摊位的排列方式

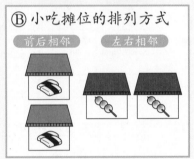

Ⓑ 小吃摊位的排列方式

前后相邻　　左右相邻

---

1 从第一天到第三天，每天都有九间摊位。

纪念品（🐱）🏠：四间　　　年糕（🍙）🏠：两间

糯米丸子（🍡）🏠：两间　　甜酒（🥤）🏠：一间

示例　　　　　　　第一天

同种小吃的摊位相邻排列，所以这里是蓝色。

洛洛

美美

从能确定颜色的摊位开始涂。

62

（1）第二天

（2）第三天

2 第四天和第五天是休息日，摊位均增加至十六间。

纪念品（）：四间　　章鱼小丸子（）：两间

糯米丸子（）：两间　　炸鸡（　）：两间

年糕（　）：两间　　甜酒（　）：两间

法兰克福香肠（　）：两间

（1）第四天

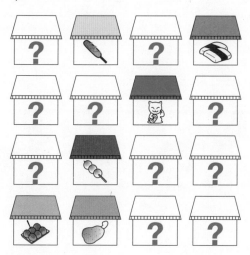

（2）第五天

皮格马博士小课堂　　摊位的排列方式共三种，从红色屋顶的摊位位置开始思考，会更容易。

不一样的气球

难度 ★★★

小光和小朋友们拿着气球，并分别从前后拍了照片。

 示例

从前面拍的照片

从后面拍的照片

小光

从后面看时，黄色气球离我们更近。

洛洛

1

小朋友们手里都拿着三个气球，红色、粉色和黄色各一个。从后面拍的照片 ①～④ 只拍到了气球。照片 ①～④ 分别拍的是谁？根据从前面拍的照片 Ⓐ～Ⓓ 思考，在 ☐ 中写出恰当的照片编号（Ⓐ～Ⓓ）吧。

从前面拍的照片

Ⓐ 绘里

Ⓑ 彩香

Ⓒ 诗织

Ⓓ 千春

从后面拍的照片

① ② ③ ④

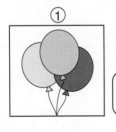

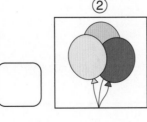

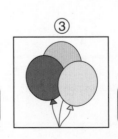

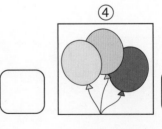

64

2 小原和直树的手里分别拿着五个气球，其中红色、粉色、黄色、绿色、蓝色各一个。根据从前面拍的照片，给从后面拍的照片中的气球涂上恰当的颜色。

皮格马博士

要注意气球的
遮挡顺序。

（1）　从前面拍的照片　　　　　从后面拍的照片

小原

（2）　从前面拍的照片　　　　　从后面拍的照片

直树

皮格马
博士
小课堂

根据气球的遮挡顺序，思考前后位置的关系。与从前面拍的照片相比，从后面拍的照片中，气球的前后位置发生了变化，请确定气球遮挡部分的颜色吧。

青蛙排排站

如下图，共有十只拿着数字卡片 ①～⑤ 的青蛙，黄色青蛙与绿色青蛙各有五只。这些青蛙按照 规则 排成两排。

规 则

① 第一排和第二排分别排列五只青蛙。
② 每一排都按照卡片上的数字由小到大的顺序，从前往后（从左到右）排列。
③ 在同一排中，卡片上数字相同的青蛙在排列时，黄色的青蛙排在绿色的青蛙前面。

1 已知第一排的五只青蛙的排列顺序，思考第二排的五只青蛙的排列顺序，在□中写出恰当的数字吧，再给青蛙涂上恰当的颜色。

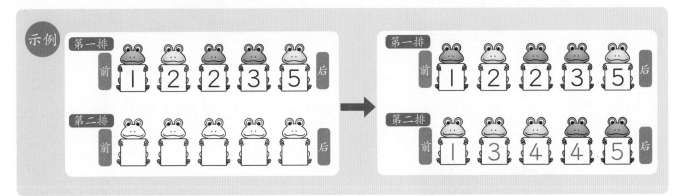

（1）

查找一下没有出现的数字有哪些。

（2）

青蛙如下图排列，根据青蛙的颜色和已知卡片上的数字思考，在 □ 中写出恰当的数字吧。

（1）

从 □ □ □ 的青蛙开始思考吧。

洛洛

（2）

排在后面的青蛙是哪只呢?

美美

皮格马博士小课堂

写出所有没有用到的卡片，用了哪张就用"／"划掉，也可以实际准备数字卡片来解答。

点心轮盘

大家一起玩"点心轮盘"游戏。仔细阅读 规则 ，回答问题吧。

规则

❶ 如右图，桌子上放着美食。六个人围着桌子坐。

❷ 按照洛洛掷骰子的点数，将桌子沿 ➡ 方向转动。

❸ 转动后，每个人可以吃到面前的美食。

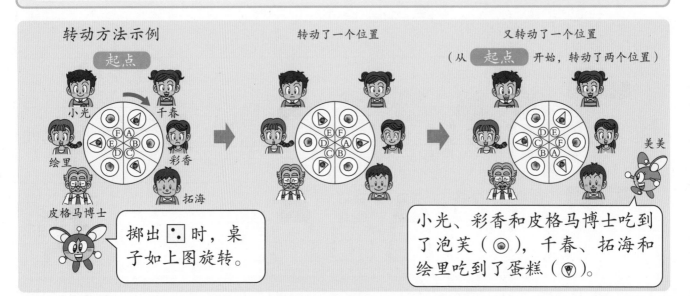

转动方法示例

掷出 ⠙ 时，桌子如上图旋转。

转动了一个位置

又转动了一个位置

（从 起点 开始，转动了两个位置）

小光、彩香和皮格马博士吃到了泡芙（◎），千春、拓海和绘里吃到了蛋糕（◈）。

1 桌子上放着三个鲷鱼烧（🐟）和三个糯米丸子（◉）。在 起点 时，大家面前的美食如下图摆放。画 ○ 圈出最终吃到鲷鱼烧（🐟）的人吧。

（1）掷出了 ⠇⠇ 。

（2）掷出了 ⠛⠛ 。

完成后贴
上鼓励贴
纸吧！

2 桌子上放着三个小泡芙（◉）和三个大泡芙（◉）。在 起点 时，大家面前的泡芙如下图摆放。小原想着一定要吃到大泡芙（◉）。在 □ 中写出恰当的骰子点数吧。

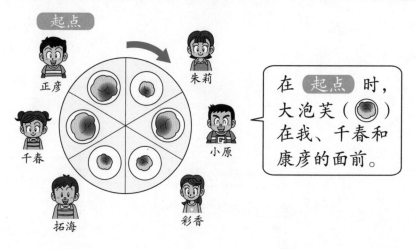

在 起点 时，大泡芙（◉）在我、千春和康彦的面前。

（1）为了让小原吃到大泡芙（◉），最好掷出几点呢？回答出三种答案吧。

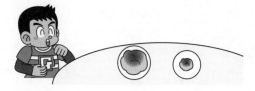

　□　　□　　□

（2）很遗憾，小原没有得到大泡芙（◉），而千春得到了大泡芙（◉）。写出骰子掷出的点数吧。

  □

皮格马
博士
小课堂

需要注意的是，不论桌子怎么转动，点心的排列顺序始终不会变。另外，也可以按照桌子不动，小光和小朋友们围着桌子逆向转动来思考。

剪刀、石头、布

如右图，使用"剪刀（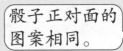）、石头（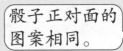）、布（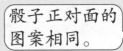）"骰子玩游戏。

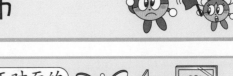
骰子正对面的图案相同。

洛洛
镜子   镜子

规则

❶ 两个人一起玩游戏。

❷ 将骰子放在 起点 处，沿 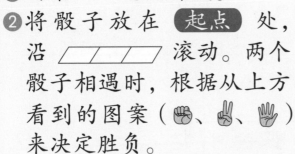 滚动。两个骰子相遇时，根据从上方看到的图案（）来决定胜负。

相遇的骰子一定是完全贴紧的状态。

皮格马博士

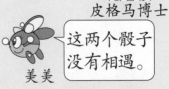
这两个骰子没有相遇。

美美

---

1 只滚动一个人的骰子，去与绘里的骰子相遇。在赢了绘里的人对应的 □ 中画 ○，在输给绘里的人对应的 □ 中画 ×。

示例

滚动了两次。 ×
我不滚动骰子。

小光将骰子如 Ⓐ → Ⓑ 一样滚动。

Ⓐ   Ⓑ

小光 起点   绘里

是布和剪刀，所以我输了呢。

（1）

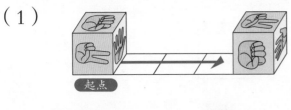

起点

滚动了三次。

小原 □

（2）

起点

滚动了四次。

拓海 □

（3）　　　　　　　　　　　　　　　　（4）

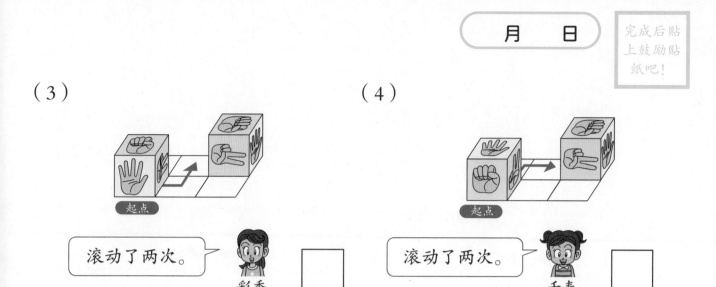

滚动了两次。　彩香　□

滚动了两次。　千春　□

2　这一次游戏时，两个人都滚动骰子。

（1）两个人都滚动了两次骰子。谁赢了？在赢的人对应的 □ 中画 ○，在输的人对应的 □ 中画 × 吧。

直树和诗织的骰子在这里相遇。

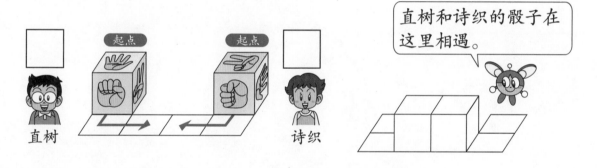

直树　起点　起点　诗织

（2）两个人都滚动了三次骰子。小光按照 ➡ 滚动骰子。为了让小原获胜，应该怎样滚动骰子？用 ➡ 画出滚动路线吧。

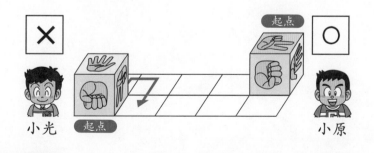

× 小光　起点　起点　○ 小原

皮格马
博士
小课堂

在 **2**（2）中，为了与小光的骰子相遇，小原骰子的滚动方法共有四种。将各种滚动方法中出现的图案都确认一下吧。

日本光辉教育

数学脑

1～3 年级①

参考答案

SAPIX
SAPIX YOZEMI GROUP

完成情况记录页

※请家长利用标记栏，把孩子做错或不太擅长的题目序号记录下来，便于了解孩子的学习进度及知识掌握情况。

难度 ☆

看不见的大象

图形、位置、空间、想象

答案

1 （1）河马 （2）狮子

2 （1）

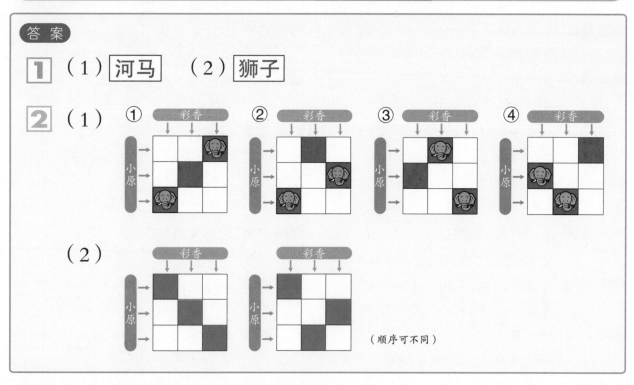

（2）

（顺序可不同）

讲解 本题需要将从两个不同方向看到的骰子组合后再进行思考。会出现被前方的骰子遮挡的骰子，请多加留意。

1 （1）从小光的角度，能看到狮子和大象，河马被大象挡住了看不到。从绘里的角度，能看到狮子和河马，大象被狮子挡住了看不到。因此，小光看不到的是河马。
（2）从小光的角度看，狮子被大象挡住了看不到。

2 要求从两个方向都能看到三头大象，思考骰子的放置方法吧。
（1）找到不会被两个已经放好的骰子挡住的位置。如图1， ➡ 与 ➡ 相交的位置两个人都能看到，而且这个位置不会被另外两个骰子挡住。
（2）观察在（1）中找到的四种答案，在左端一列，还有没放过骰子的位置，思考一下将骰子放在这个位置的放置方法吧（图2）。

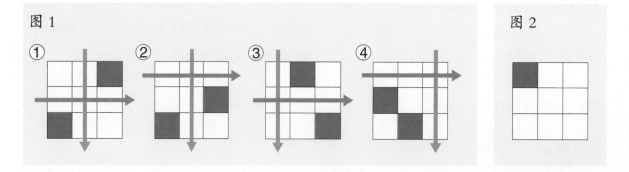

图1

图2

| 难度 ★★ | 阶梯游戏 | | 图形、数量、逻辑 |

答案

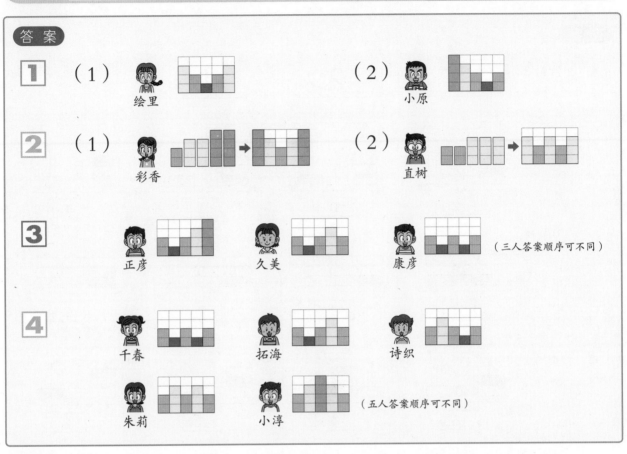

讲解 本题需要思考符合条件的排列方法。替换成数字来思考会更容易一些（将红色换成 1、蓝色换成 2、黄色换成 3、绿色换成 4）。

1 一边确认排列方法的规则一边解题吧。
（1）加入 3 □ 1 □ 3 的□中的数字，均为 2。
（2）4 □□ 1 □ → 43212

2 因为已知使用的积木，思考排列方法即可。
（1）排列 2、3、3、4、4。□□ 2 □□ → □ 323 □ → 43234
（2）排列 2、2、3、3、3。只能在 3 与 3 之间加入 2。

3 □ 1 □□□ 的排列方法共有三种。因为与 1 相邻的数字确定是 2，所以□ 1 □□□ → 212 □□。再分别进行思考的话，就能得出如下答案。
212 □□ → 2121 □ → 21212
      → 2123 □ → 21232
            → 21234

4 2 □□□ 2 的排列方法共有五种。分别进行思考的话，就能得出如下答案。
21 □□ 2 → 212 □ 2 → 21212
            → 21232
23 □□ 2 → 232 □ 2 → 23212
            → 23232
      234 □ 2 → 23432

难度 ★★★

套 圈

搭配、位置、多情况

答案

1 （1）① 1分　② 2分　③ 1分

（2）①

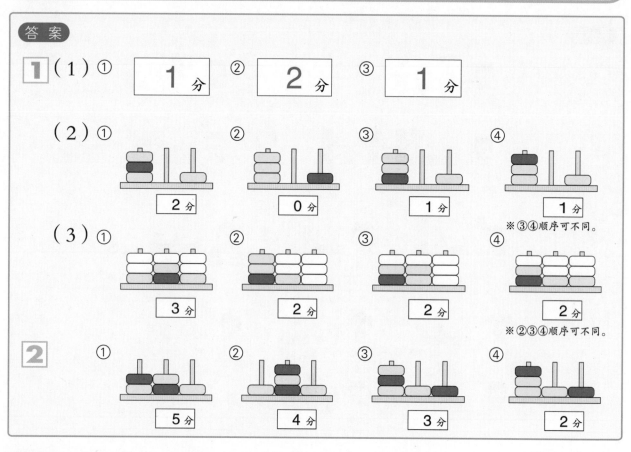

2分
0分
1分
1分

※③④顺序可不同。

（3）①②③④

3分
2分
2分
2分

※②③④顺序可不同。

2 ①②③④

5分
4分
3分
2分

讲 解 本题需要思考符合条件的多种情况。理解"计分规则"是重点，将能想到的情况全部尝试一遍吧。

1 （1）仔细确认游戏规则。首先应知道一共有四个圈，其中只有一个是红色的。

（2）还是一个红色圈和三个黄圈，已知圈套中的位置和得分。红色圈的位置，共有四种情况。分别确认四种情况下的得分吧。

（3）思考符合得分的圈的位置。

①得3分的配置只有一种。

②、③、④得2分的配置共有三种。在红色圈的上方和右侧分别放置一个黄色圈是共用的。思考剩下的一个黄色圈应放在哪儿吧。

2 红色圈的数量变成了两个。如果放置的位置改变，将会出现多种配置，如下图。（还有其他多种配置，想一想吧。）

5分
4分
3分
2分
1分

难度 ☆   超级小旋风      图形、逻辑

答案

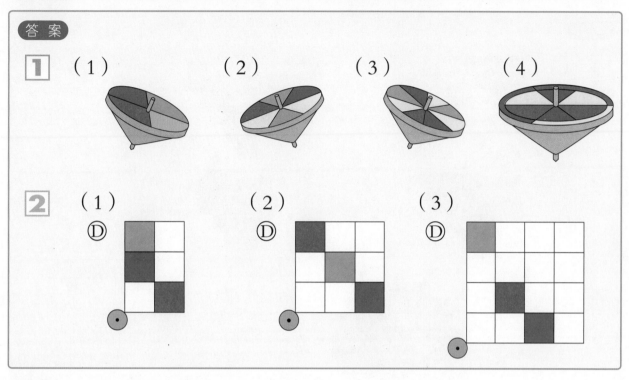

讲 解 本题需要思考图形的旋转移动。

1 陀螺上有多种颜色。让我们先读出颜色的顺序吧。

（1）从绿色开始顺时针读，依次为绿色→粉色→蓝色→红色。按照这个顺序涂色吧。

（2）从红色开始顺时针读，依次为红色→黄色→绿色→黄色→蓝色→绿色。

（3）从蓝色开始顺时针读，依次为蓝色→黄色→绿色→红色→黄色→绿色→黄色→红色。

（4）注意内侧与外侧颜色不同。外侧从蓝色开始顺时针读，依次为蓝色→黄色→红色。使用同样的方法确定内侧颜色的排列吧。

2 以长方形的一个顶点为中心，转动长方形。思考转动到 Ⓓ 时，小光和小朋友们的位置。在大脑中想象转动是很难的，一边转动书一边思考吧。

难度 ★★☆

多米诺骨牌

逻辑、思考、多情况

答案

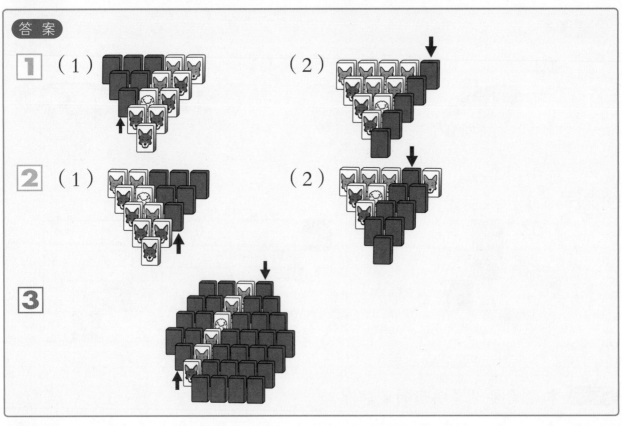

1 （1）　　　　　　（2）

2 （1）　　　　　　（2）

3

讲解　本题需要在理解规则后，反复尝试。需要注意的是，用手指推倒的多米诺骨牌的位置改变，倒下的多米诺骨牌数量随之改变。

1 一边确认规则，一边思考倒下的多米诺骨牌是哪些吧。
（1）红色多米诺骨牌要从前向后推，能推倒六块多米诺骨牌。
（2）蓝色多米诺骨牌要从后向前推，能推倒五块多米诺骨牌。

2 已知倒下的多米诺骨牌的数量。注意不要让"羊"的多米诺骨牌倒下。

数一数倒下的多米诺骨牌的数量（图1），如果在标记×的位置推，"羊"就会倒下，所以不能推这里。

3 多米诺骨牌的数量增加了。数一数倒下的多米诺骨牌的数量（图2），注意要将"绿色的狼"推倒，但不能让"羊"倒下。多米诺骨牌共倒下了31块。

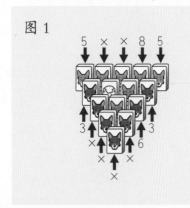

图1

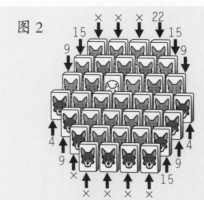

图2

难度 ☆ 五颜六色的书包  条件整理

答案

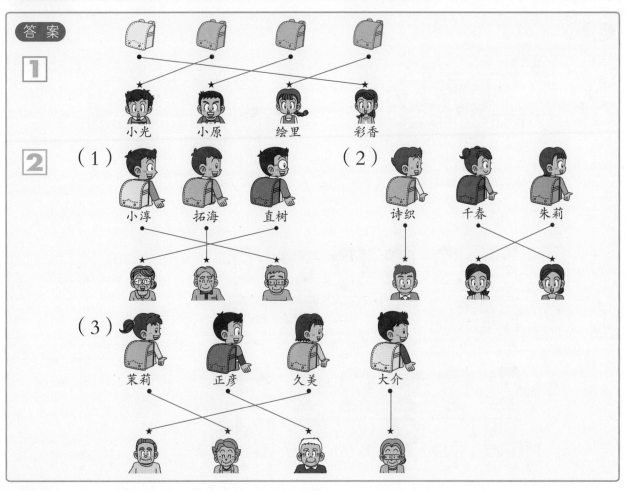

讲解 本题需要整理条件进行思考。

1 首先，根据小原的话，可以确定绘里的书包是粉色的。然后根据小光和彩香的话，可以知道绿色的书包是小原的。至此，还剩下黄色和蓝色的书包。根据绘里的话语，可以确定小光的书包是蓝色的，剩下的黄色书包就是彩香的了。

2 （1）已知拓海的书包是绿色的。剩下的书包是蓝色和黄色。根据直树的话，可以知道直树的书包是蓝色的，小淳的书包是黄色的。根据奶奶的话，可以知道她的孙子是小淳或直树。根据小淳的话可以确定，奶奶的孙子是直树。根据右边的爷爷的话，可以知道他的孙子是小淳。拓海的家人就是正中间的爷爷。

（2）根据诗织的话，可以知道诗织的书包是粉色的。剩下的书包是红色或橙色。根据千春的话，可以知道千春的书包是红色的。剩下的橙色书包是朱莉的。根据右边的妈妈的话，可以知道她的孩子是千春。根据朱莉的话，可以知道她的妈妈是正中间的妈妈。剩下的爸爸，是诗织的爸爸。

（3）因为茉莉、正彦、久美三个人都说"自己的书包不是黄色的"，所以可以确定大介的书包是黄色的。根据大介的话，可以知道粉色的书包是茉莉或久美的。因为久美说自己的书包不是粉色的，所以粉色书包是茉莉的。因为正彦的书包不是绿色的，所以久美的书包是绿色的，正彦的书包是蓝色的。

折纸贴贴贴

图形、空间、顺序

难度 ☆☆☆

答案

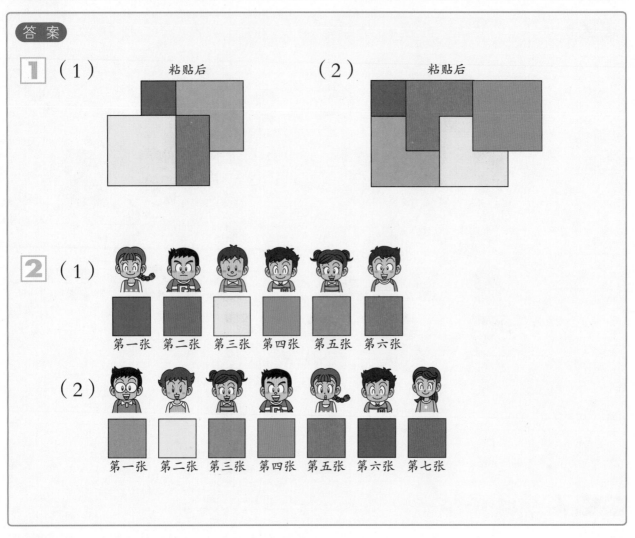

讲 解 本题需要思考配置方式。根据重叠方法，思考位置关系吧。

1 能全部看到的折纸，是最后粘贴的折纸。想象一张一张揭掉折纸的过程来思考吧。

2 （1）从粘贴后的样子，思考粘贴折纸的顺序吧。需要注意的是，粘贴时折纸需要有一部分重叠。
（2）可以确定第七张是紫色，第六张是红色，第五张有蓝色和粉色两种答案。如果第五张是粉色的，那么揭掉这三张时，蓝色就会成为没有与其他折纸重叠的状态。不符合条件。所以，第五张是蓝色。

答案

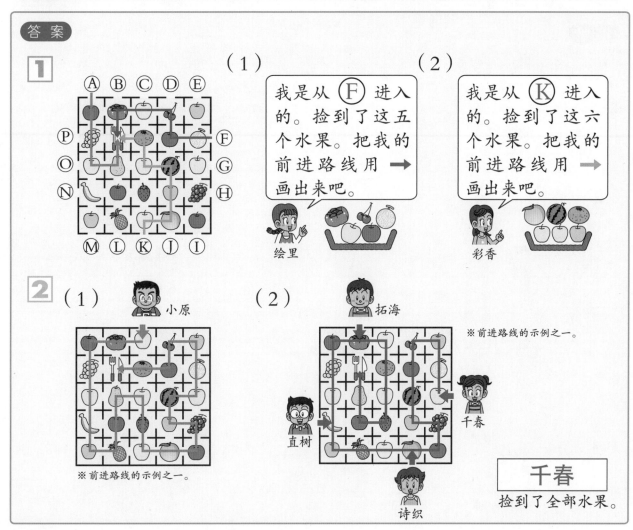

1

（1）

我是从 Ⓕ 进入的。捡到了这五个水果。把我的前进路线用 ➡ 画出来吧。

绘里

（2）

我是从 Ⓚ 进入的。捡到了这六个水果。把我的前进路线用 ➡ 画出来吧。

彩香

2 （1）

小原

※前进路线的示例之一。

（2）

拓海

※前进路线的示例之一。

直树

千春

诗织

千春

捡到了全部水果。

讲解 本题需要思考符合条件的前进路线。

1 （1）捡到五个水果。其中，柿子、樱桃、蜜瓜在图中分别只有一个。据此找出前进路线吧。

（2）在本题中桃子、西瓜、橘子在图中分别只有一个，从这个信息开始思考吧。

2 格子不能重复通过，找到能捡起所有水果的前进路线吧。

（1）小原从黄苹果开始捡起。在此，如果观察一下苹果的位置就能发现（右图），每隔一个格子就放置了一个苹果。（需要注意的是，终点的格子也应该是有苹果的位置。）因此可以知道，就像 答案 的前进路线示例一样，间隔一个格子捡起一个苹果就可以了。只要能想到交替捡起苹果和其他两种水果，就能进入包括终点在内的全部二十五个格子，所以起点和终点其实是同一种水果。从苹果开始捡，苹果→其他→苹果→其他→……→其他→苹果（终点），最终到达终点。

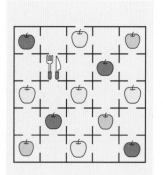

（2）从苹果开始的只有千春。

难度 ★★　　　雨伞大智慧　　数的合成、分解

答案

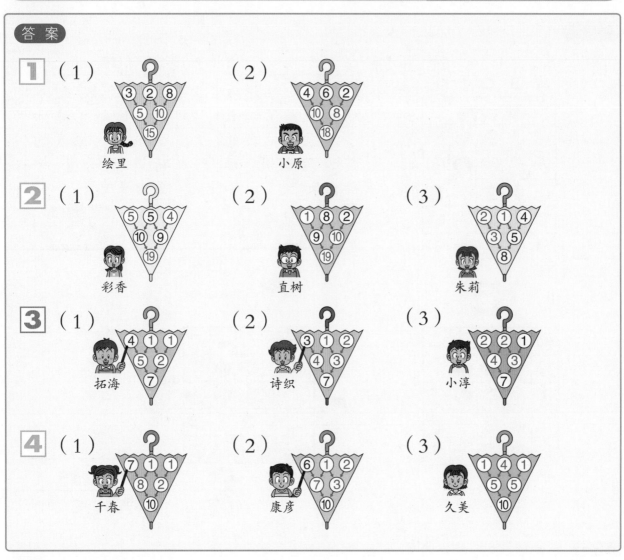

讲解　本题需要思考数字的合成与分解。

1　一边确认题目规则，一边填入数字吧。是"10加几得几"的计算。

2　思考数字的合成与分解。如"10是5加几"的数字分解。

3　本题需要思考多种情况。将7分解成两个数之和的方法共有6+1、5+2、4+3三种。认真尝试各种情况吧。注意不能使用0。

4　思考10的分解吧。将10分解成两个数之和的方法有9+1、8+2、7+3、6+4、5+5五种。除了问题中已经给出的，还有下图中的几种分法（不考虑左右翻转的情况。）

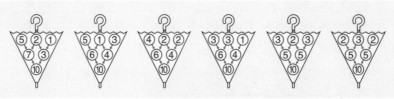

| 难度 ★★★ | 大家都来指一指  | 条件整理 |

答案

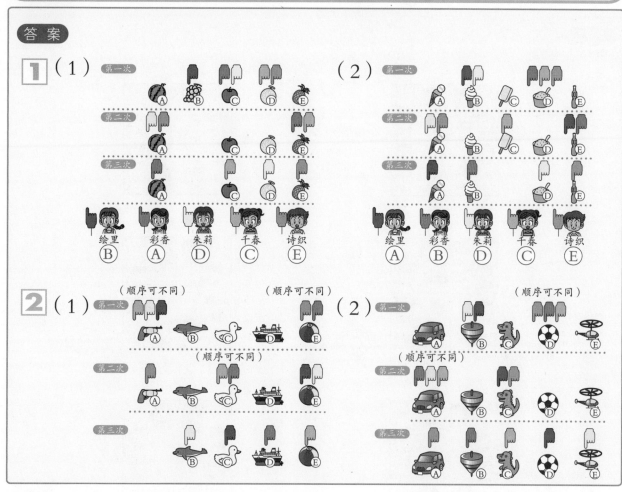

讲解 本题需要仔细整理条件后再进行思考。本讲解提供了一种解题思路。

1（1）已知在第一次中绘里指 Ⓑ，在第三次中彩香指 Ⓐ。将其余三人在第三次中可能指的物品整理成表格（表1），千春只能指 Ⓒ。千春确定指 Ⓒ 的话，诗织就能确定指 Ⓔ，朱莉指 Ⓓ。

（2）与（1）相同，整理成表格（表2），按照彩香→诗织→朱莉的顺序依次确定。

表1

	Ⓐ	Ⓑ	Ⓒ	Ⓓ	Ⓔ
朱莉	×	×	×		
千春	×	×		×	×
诗织	×	×		×	

表2

	Ⓐ	Ⓑ	Ⓒ	Ⓓ	Ⓔ
绘里	○	×	×	×	×
彩香	×		×		×
朱莉	×	×		×	
千春	×	×	○	×	×
诗织	×		×	×	

2（1）根据所得物品，如何确定第一次和第二次大家分别指了什么物品呢？先从红色手指的小光开始思考吧，因为在第三次指了 Ⓒ，所以第二次不会指 Ⓒ，于是能确定小光第二次指的是 Ⓔ。因为第一次不可能指 Ⓒ 和 Ⓔ，所以可以确定小光第一次指的是 Ⓐ。利用相同的方法，耐心确定其他四个小朋友每次指的是什么吧。

（2）首先从粉色手指开始思考吧，因为第三次指了 Ⓐ，所以可以确定第二次指了 Ⓒ。这样，第二次指 Ⓒ 的就是红色和粉色手指，指 Ⓐ 的是其余的三人（蓝色、黄色、绿色）。然后，思考红色手指，因为第三次指了 Ⓓ，所以可以确定第一次指了 Ⓑ。因此，第一次指了 Ⓓ 的就可以确定是其余三人（粉色、蓝色、绿色）。

交换礼物吧  图形对称

答案

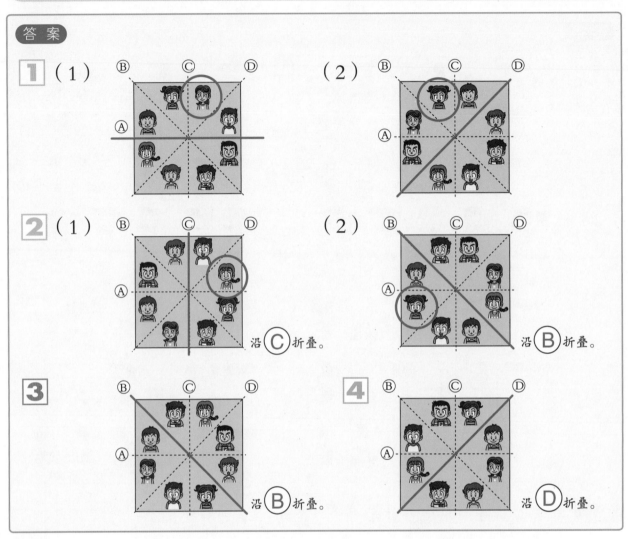

讲解 本题以折纸为题材，需要思考线对称的位置问题。注意将折纸沿不同的线折叠时重叠的位置变化吧。可以用纸实际折一折、试一试。

① 已知折法。查找一下与小光重叠的是哪个位置的小朋友吧。

② 已知折叠时重叠的两个小朋友，分别确定是沿 Ⓐ～Ⓓ 哪条线对折的。然后找一找（1）、（2）中与小原重叠的是哪个位置的小朋友吧。

③ 查找四个男孩子两两重叠的折法。沿 Ⓑ 折叠时，小光和拓海、小原与小淳重叠。

④ 查找男孩子与女孩子重叠的折法。沿 Ⓓ 折叠时，千春和拓海、小原和彩香、小淳和朱莉、绘里和小光分别重叠。

红嘴巴怪物、蓝嘴巴怪物

逻辑、思考

答案

1 （1） 10 个

※能吃到的食物如右图。

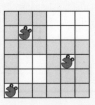

19 个

※能吃到的食物如右图。

2 （1） 7 个　7个（请看图2讲解）

（2） 28 个　28个（请看图5讲解）

讲解 解答本题需要耐心尝试各种情况。

1 一边查看规则，一边思考解答。注意需要数的是怪物无法吃到的食物的数量。

2 多多尝试三个怪物的不同配置方法，查找无法吃到的食物最少和最多的情况。

（1）最少的情况：怪物吃食物的范围，尽量不要重叠。红、蓝嘴巴怪物的数量在3和0、2和1、1和2、0和3不同的情况下，剩余最少的配置示例如下图1～图4。（也有示例以外的配置方法，此处未列出。）

图 1
使用三个红嘴巴怪物的情况
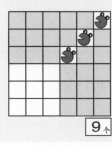
9 个

图 2
使用两个红嘴巴怪物和一个蓝嘴巴怪物的情况
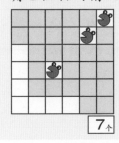
7 个

图 3
使用一个红嘴巴怪物和两个蓝嘴巴怪物的情况
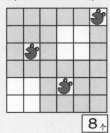
8 个

图 4
使用三个蓝嘴巴怪物的情况
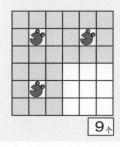
9 个

（2）最多的情况：根据 **1**（2）可以知道如果蓝嘴巴怪物放置在角落，吃到的食物的数量会变少（吃不到的食物的数量则变多）。试着查找将三只蓝嘴巴怪物置于角落的放法。右侧图5的配置示例中剩余的食物数量最多。（也有示例以外的配置方法，此处未列出。）

图 5
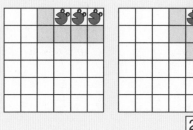
28 个

85

| 难度 ★ | 书包在哪里 |  | 数序、思考 |

答 案

1 （1） （2） （3）

2 （1）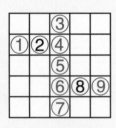   （2）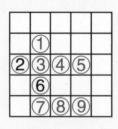

（3）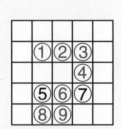   （4）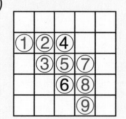

讲 解　本题需要思考数字的排序和大小。为了更好地让孩子提升数感，在日常生活或游戏中，应尽可能多地让孩子意识到数字的存在非常重要。

1 排列从1到5的数字。首先思考1和5的位置，会更容易理解。
（1）提示：先思考5的位置吧。
（2）提示：能放在2上面的只有1。
（3）提示：先思考5的位置吧。

2 排列从1到9的数字。
（1）提示：能放在2左边的只有1，能放在8右边的只有9。
（2）提示：先思考1的位置吧。
（3）提示：先思考1的位置吧。
（4）提示：先思考1和9的位置吧。

| 难度 ☆ | 徒步大赛 | 图形 |

答 案

1

2

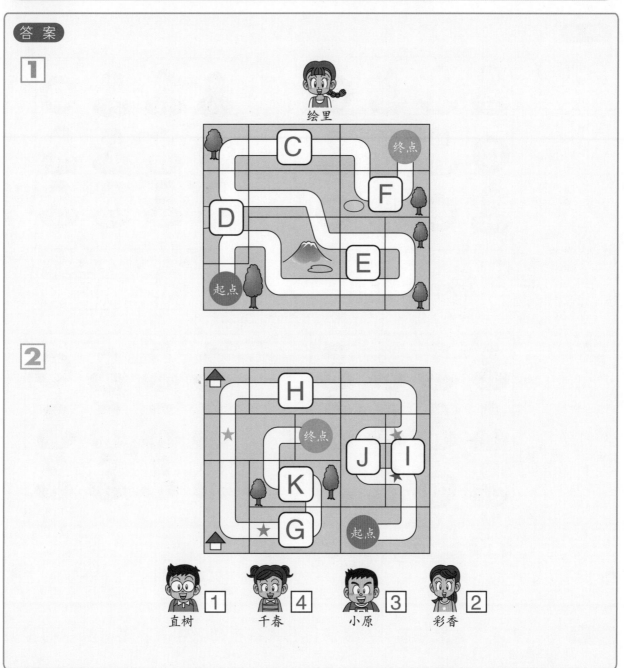

讲解 这个图形游戏需要将符合条件的拼图放在正确的位置。需要注意的是，在思考时可以改变拼图的方向。如果很难想象出拼接方法，可以实际制作拼图试着拼一拼。

1 先寻找连接起点处路线的拼图吧，如果放入C，则无法通行，请逐一尝试。将路线补充完整吧。

2 虽然有两个位置都可以考虑放入H，但是要仔细查看放在哪里最合适。知道了连接方法后，再排序吧。

难度 ☆☆	海边派对 	数序

答案

1 （1）

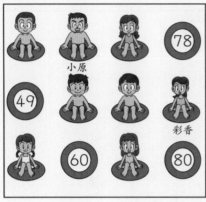

彩香	小原
79	58

（2）

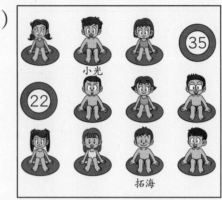

小光	拓海
33	14

2

博士是从 （ B ） 位置拍的。

3

诗织	小淳
55	65

讲解 本题需要思考数字的排列方法。利用给出的数字表，思考数字的排列规律吧。

1 已知拍摄照片的方向。
（1）从 D 看时，横排的编号从左至右10个10个增加。
（2）从 A 看时，因为是正面，所以很容易理解。

2 绘里是72，绘里的右侧是62，所以横排的编号从左至右10个10个减少。能形成这样的规律，只有从 B 位置拍照才可以。

3 已知左侧近前的小原位置是58，右侧远处是35。这样的视角，是从 C 看的时候。竖排的编号从远至近10个10个增加。所以诗织是55，小淳是65。

制作标本箱  图形分割

难度 ☆

答案

1 （1） （2）

（3） ① ② （4）

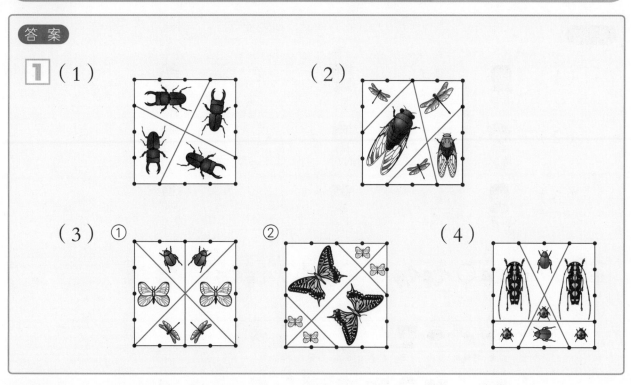

讲解 本题需要思考用直线分割平面的方法。

1 （1）如图1，用两条直线可以分割出图形的数量为3或4。为了将平面分成四部分，需要两条直线相交。如图2，用三条直线可以分割出图形的数量为4、5、6、7，共四种答案。（图1和图2的直线画法为参考示例之一。）

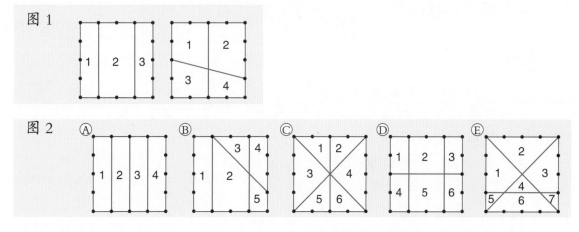

（2）为了制作五个隔间，需要使三条直线中的两条相交（图2-Ⓑ）。

（3）制作六个隔间共有两种方法。

　　①三条直线在一点相交（图2-Ⓒ）。

　　②两条直线不相交，另外一条直线与两条直线相交（图2-Ⓓ）。

（4）为了制作七个隔间，三条直线中的每一条直线，都需要与另外两条直线在不同的两点相交（图2-Ⓔ）。

这个暑假好开心

对称、思考

答案

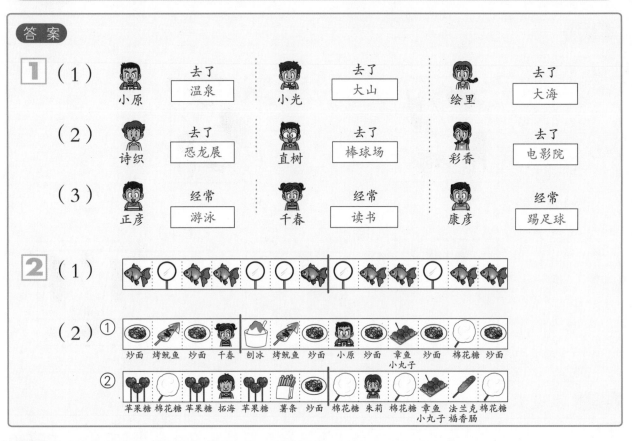

1 （1）
小原 去了 温泉
小光 去了 大山
绘里 去了 大海

（2）
诗织 去了 恐龙展
直树 去了 棒球场
彩香 去了 电影院

（3）
正彦 经常 游泳
千春 经常 读书
康彦 经常 踢足球

2 （1）

（2）①
炒面　烤鱿鱼　炒面　千春　刨冰　烤鱿鱼　炒面　小原　炒面　章鱼小丸子　炒面　棉花糖　炒面

②
苹果糖　棉花糖　苹果糖　拓海　苹果糖　薯条　炒面　棉花糖　朱莉　棉花糖　章鱼小丸子　法兰克福香肠　棉花糖

讲解　本题需要思考关于线对称的位置问题。

1 （1）根据折痕数一数，距离折痕有几个小格吧。可以知道小光是从折痕向左数第二格的"大山"，绘里是向左数第三格的"大海"。
（2）、（3）与（1）用相同的方法来思考。在小格上写出编号，就会更易懂。

2 （1）分别查看在各条折痕处折叠时，与网重叠的金鱼数量吧（图1）。因此，在左起第七格处折叠。
（2）①小原与炒面重叠的折痕标注▼，千春与炒面重叠的折痕标注▲（图2）。千春不喜欢吃炒面，除去▲的折痕位置，▼的折痕位置有三处，其中只有一处是恰当的。
②拓海与苹果糖重叠的折痕标注▼，朱莉与棉花糖重叠的折痕标注▲（图3）。在没有标注▼和▲的折痕中，两人都与食物重叠的折痕只有一处。拓海对应的是章鱼小丸子，朱莉对应的是薯条。

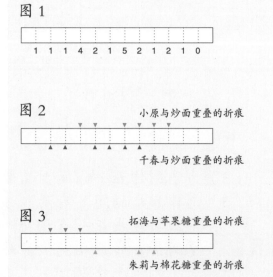

图1

| 1 | 1 | 1 | 4 | 2 | 1 | 5 | 2 | 1 | 2 | 1 | 0 |

图2　　　　　　　　　　　　小原与炒面重叠的折痕

千春与炒面重叠的折痕

图3　　　　　　　　　　　　拓海与苹果糖重叠的折痕

朱莉与棉花糖重叠的折痕

难度 ★★★ 水果卡片剪剪乐  图形

答案

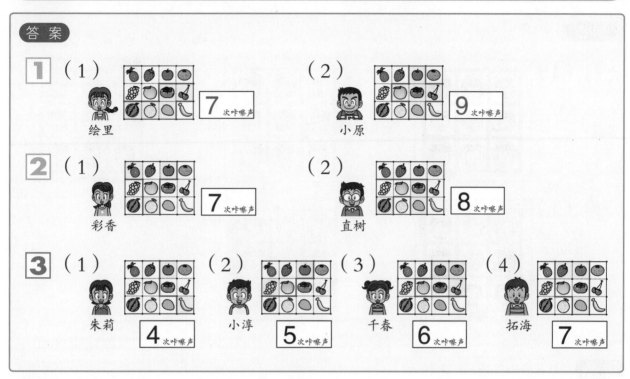

1 （1）绘里 7次咔嚓声 （2）小原 9次咔嚓声

2 （1）彩香 7次咔嚓声 （2）直树 8次咔嚓声

3 （1）朱莉 4次咔嚓声 （2）小淳 5次咔嚓声 （3）千春 6次咔嚓声 （4）拓海 7次咔嚓声

讲 解 这是一道关于图形识别的问题。

1 先弄清楚剪卡片的规则吧，剪下相连的五片正方形，并数一数剪开的边的数量。
（2）从题目的水果卡片上剪下图形时，9次咔嚓声是最多的。试着找一找还能剪成哪些形状吧。

2 已知剪下五片中的三片，思考剩余两片如何确定的方法吧。
（1）为了将剪下的三片已知正方形连接起来，只能选择草莓和桃子。
（2）能想出各种各样的剪法。为了让咔嚓声发出的次数更多，注意避开哈密瓜。

3 （1）从卡纸上剪下图形时，至少发出4次咔嚓声。形状也只有这一种（旋转、翻转后的形状均计为一种形状）。
（2）旋转在（1）中得出的形状，试着找出答案吧。
平面上，五个正方形边与边规整相连的图形，叫作"五联骨牌"，共有如下图的十二种排列方式（旋转、翻转后相同的形状计为一种形状）。
标※的四种形状在题目中没有出现。

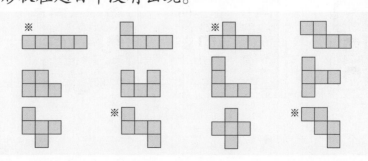

难度 ★★ 　你能看到谁　　图形、想象

答案

1 （1） 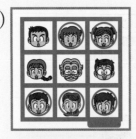 　（2） 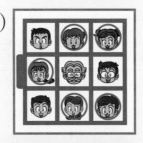 　（3）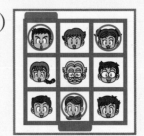

2 （1） 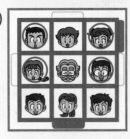 　（2）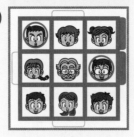

讲解 这是一道图形旋转的问题。仔细观察有孔的卡片旋转时，孔的位置会如何变化吧。

1 （1）红卡标签的位置在下。想一想，标签在上时的卡片旋转至标签在下后，孔的位置在哪里。

（2）蓝卡标签的位置在左。想一想，标签在上时的卡片向左旋转后，孔的位置在哪里。

（3）蓝卡的孔的位置如图1。注意只能看到蓝卡的孔与红卡的孔重叠处的人。

图1
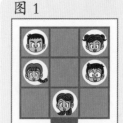

2 红卡的孔的位置如图2。蓝卡的放法共有四种，每种放法的结果如下方的图3～图6。因此，最多能看到四个人（图5），最少能看到两个人（图4）。

图2
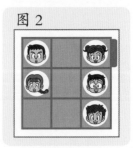

图3　三人 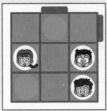　图4　两人 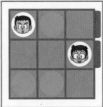　图5　四人 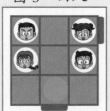　图6　三人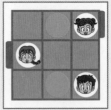

加速吧，迷你列车

比较

难度 ☆

答案

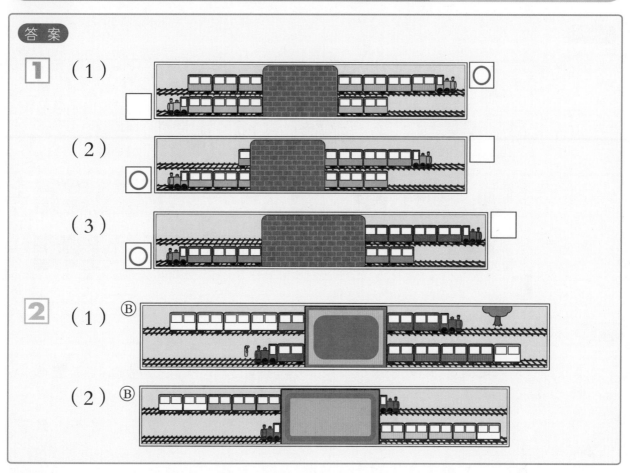

讲解 本题是思考长度的比较问题。

1 数一数没有被隧道挡住的车厢吧。（列车头与车厢长度相同。）
（1）橙色的车厢，在隧道的左侧有3节，右侧有5节，共能看到8节。用相同的方法可知，绿色的车厢能看到6节，被隧道挡住的部分长度相同，所以橙色的列车更长。
（2）有的车厢被隧道挡住了，粉色列车和蓝色列车在隧道内部分的长度是相同的，被挡住一半的车厢数也是相同的，所以数一数完全露在隧道外的车厢即可，粉色有4节，蓝色有5节，所以蓝色的列车更长。
（3）棕色列车的尾部在隧道中，看不到。没有被隧道挡住的车厢，棕色为5节，紫色为6节。所以即使棕色列车的尾部在隧道的最左端，也比紫色列车短。

2（1）根据Ⓐ照片，卡片右侧红色列车的尾部比蓝色列车的车头向右多出1节车厢。因此，在Ⓑ照片中，卡片的右侧红色车厢应该有4节。同样，根据Ⓐ照片，卡片左侧蓝色列车的尾部比红色列车的少了1节车头，所以在Ⓑ照片中，卡片的左侧蓝色车厢应该有1节。
（2）在Ⓐ和Ⓑ照片中，比较卡片右侧的绿色车厢，Ⓐ为2节，Ⓑ为1节，减少了1节，所以在卡片左侧的绿色车厢应该增加1节，为3节。在Ⓐ照片中，黄色列车的尾部比绿色列车的车头向右多出3节车厢。所以在Ⓑ照片中，卡片右侧的黄色车厢应该有4节。

难度
★★

分房间

条件整理

答案

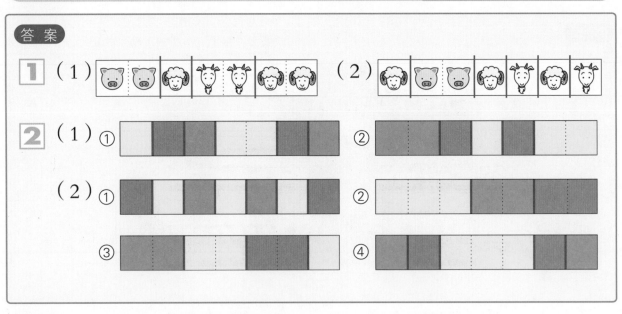

讲解 本题需要查看符合条件的各种情况。

1 首先，理解规则，需要弄清楚，动物的排列方法改变，隔板的数量也会随之改变。

2 （1）已知隔板的数量和部分动物的位置。需要注意，黄色（绵羊）只有三只。

①可以知道，夹在黄色（绵羊）和绿色（山羊）间的位置，只能是蓝色（小猪）。

②左侧两个颜色连续，是绿色（山羊）。注意中间三个颜色不能相同，所以蓝色（小猪）不能连续，仔细思考后确定位置吧。

（2）只知道隔板的数量。隔板的数量是两块至六块。

①放入所有的隔板。因为蓝色（小猪）的位置是确定的，所以思考黄色（绵羊）不连续时应如何放置吧。（六块隔板的排列方法，除了右图中标示出的几种以外，还有其他排列方法，此处未列出。）

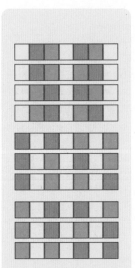

②如果是两块隔板，三种颜色需要分别连续排列。

③参考 1（1）仔细想一想吧。

④因为绿色（山羊）在两端，所以，可以知道绿色（山羊）的旁边必须放入隔板，另外剩下两块隔板，结合剩下的颜色想一想吧。

分邮票

数的合成、分解

答案

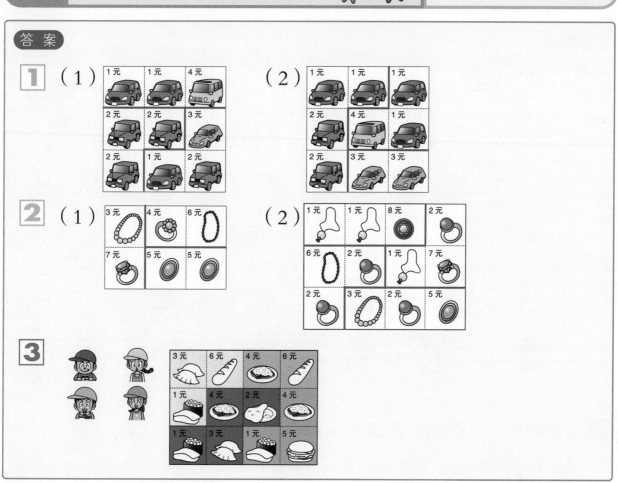

讲解 本题需要思考数的合成与分解。

1 思考 6 的分解。1 ～ 6 的数字可以分别多次使用，可考虑如下的组合。
6、5+1、4+2、4+1+1、3+3、3+2+1、3+1+1+1、2+2+2、2+2+1+1、
2+1+1+1+1、1+1+1+1+1+1。

2 思考 10 的分解。
（1）分解成两个数字的方法，可以考虑 9+1、8+2、7+3、6+4、5+5。
（2）分解成三个数字的方法，可以考虑 8+1+1、7+2+1、6+3+1、
6+2+2、5+4+1、5+3+2、4+4+2、4+3+3。

3 思考不使用相同数字的 10 的分解。
可以考虑 9+1、8+2、7+3、7+2+1、6+4、6+3+1、5+4+1、5+3+2、
4+3+2+1。

万圣节捣蛋　　　　条件整理

难度 ☆☆

答案

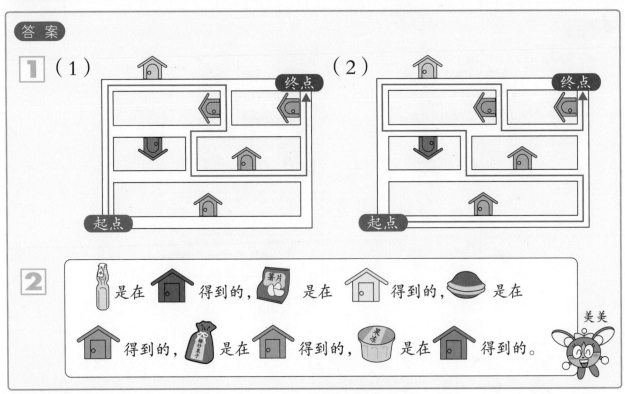

1 （1）　（2）

2

讲 解　本题需要整理条件，思考恰当的路线。

1 已知小光和小朋友们得到的零食，确认哪个零食是在哪个颜色的房子得到的，然后思考恰当的路线吧。

（1）从 🏠、🏠、🏠、🏠 房子前经过，找出前进至终点的路线吧。

（2）找到从六座房子前经过的路线吧。

2 已知绘里和小朋友们获得糖果的路线，比较每个小朋友得到的糖果，确定他们在哪户人家得到了哪种糖果吧。

直树：只得到了一种，可以知道 🖼 对应 🏠。

绘里：已知 🖼 对应 🏠，所以可知 🧪 对应 🏠。

彩香和小淳：两个人分别得到了四种。其中只有 🛸 和 🥛 不同，其他三种 🖼、🧪、💰 相同。比较经过的房子，就可以知道，两个人都经过了 🏠、🏠、🏠，所以 💰 对应 🏠。分别剩余一种零食，根据彩香的路线可以知道 🛸 对应 🏠，根据小淳的路线可以知道 🥛 对应 🏠。

难度 ☆

万圣节变身

条件整理

答案

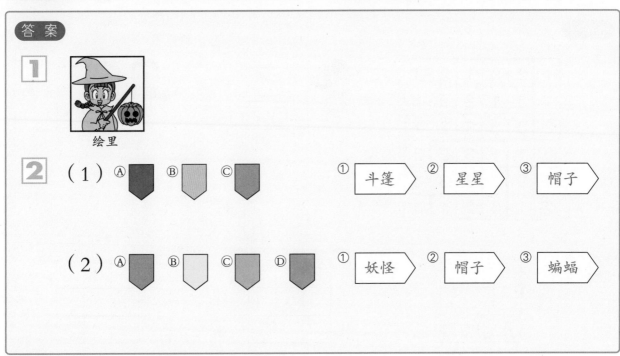

1

绘里

2 （1）Ⓐ Ⓑ Ⓒ　　①斗篷 ②星星 ③帽子

（2）Ⓐ Ⓑ Ⓒ Ⓓ　　①妖怪 ②帽子 ③蝙蝠

讲解 这是一道整理条件的问题。

1 请根据叙述和示例理解变身机上的按键规律吧。

2 （1）根据两个人按下的按键和拍出的照片，确定每个按键对应的功能。

根据小原的照片，帽子和斗篷都是红色，只有星星是粉色。所以可以知道，Ⓐ 对应红色，Ⓑ 对应粉色，②对应星星。

根据彩香的照片，斗篷和星星是橙色，帽子是粉色。所以可以知道，Ⓒ 对应橙色，③对应帽子，所以①对应斗篷。

（2）根据三个人按下的按键和照片进行思考。

根据直树的照片，帽子是橙色，蝙蝠是绿色，妖怪是蓝色。所以可以知道，没有按下按键的 Ⓑ 对应的是黄色。

根据千春的照片，帽子是黄色，所以②对应帽子。另外，因为没有使用的颜色是绿色，所以没有按下按键的 Ⓓ 对应绿色。

再回到直树的照片，因为帽子是橙色的，所以 Ⓐ 对应橙色。因为蝙蝠是绿色的，所以③对应蝙蝠。可以知道剩下的①对应妖怪，Ⓒ 对应蓝色。

用拓海的照片检验得出的结果，妖怪是蓝色，帽子是绿色，蝙蝠是橙色，完全正确。

难度 ☆☆ | 猜数字 | 图形、位置、空间

答案

1

1	2	3	1	2	3
1	3	1	2	3	1
2	3	3	3	2	1
3	1	1	3	2	3
2	2	3	2	3	3
2	1	3	2	1	3

绘里 | 5 分 | 第 3 名

小原 | 6 分 | 第 2 名

2

② ③ ③

② / ② / ③

③ / ① / ②

彩香 | 8 分 | 第 1 名

拓海 | 7 分 | 第 2 名

诗织 | 6 分 | 第 3 名

讲解 本题需要思考图形的旋转和数字的组合。

1 已知露出的数字，根据露出的数字进行思考，找一找有孔的卡片分别放在了数字板的什么位置吧。

2 已知放在数字板上的三色卡片的位置。通过旋转卡片，露出的数字组合共有几种？找到恰当的数字组合，思考每张卡片的放置方法吧。

彩香：已知一个〇的位置。可以想到的数字组合共两种，2+3+3=8（得8分）或3+1+3=7（得7分）。

拓海：可以想到的组合共两种，2+2+3=7（得7分）或1+2+3=6（得6分）。

诗织：可以想到的组合共四种，1+3+2=6（得6分）、3+3+2=8（得8分）、3+3+3=9（得9分）、1+3+3=7（得7分）。从三个人的名次可以确定彩香是8分、拓海是7分、诗织是6分，三张卡片的放置方法也可以确定下来了。

难度 ★★　　谁是真正的博士　　　条件整理

答案

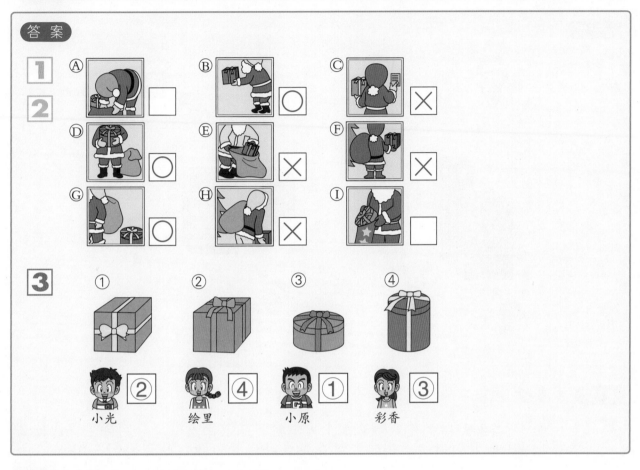

讲 解　本题需要整理条件后再进行思考。

1 根据装扮成圣诞老人的博士的话，可知帽子和上衣的颜色不同，上衣和裤子的颜色相同。选出不恰当的照片吧。

Ⓒ、Ⓕ：帽子和上衣颜色相同，画×。

Ⓔ、Ⓗ：上衣和裤子的颜色不同，画×。

2 比较剩下的五张照片，找出三张博士的照片。根据手套的颜色应相同，可以排除Ⓘ。剩下的四张照片中，有两张照片帽子的颜色是黄色，Ⓐ中帽子为粉色，排除。因此，可以确定Ⓑ、Ⓓ、Ⓖ是博士（参考右图）。

	Ⓐ	Ⓑ	Ⓓ	Ⓖ	Ⓘ
帽子：	●	○		○	
上衣：	●	●	●	●	●
手套：	○	○	○	○	●

3 需要分别查看礼物盒的颜色与丝带的颜色。Ⓑ照片丝带为绿色，可知盒子②是蓝色。根据Ⓓ的照片，盒子③是蓝色。根据Ⓖ的照片，盒子④是红色。剩下的①是照片Ⓙ中的绿色盒子。因此，小原的礼物是盒①，绘里的礼物是盒④。剩下的②、③中，丝带不是绿色的礼物盒③是彩香的。最后，小光是礼物盒②。

各式各样的房子  立体图形、条件整理

答案

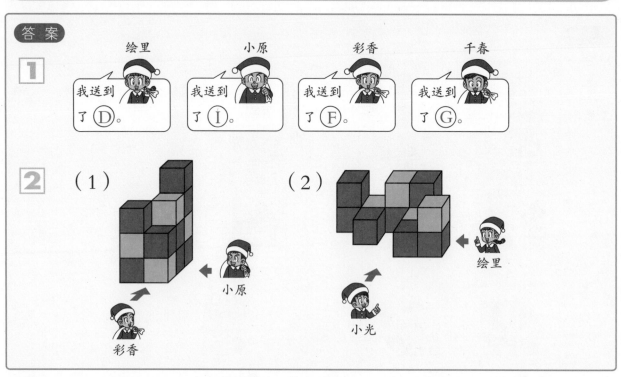

讲解 本题需要思考示意图与投影图的关系。

1 （1）想一想各种形状的建筑物从正上方看时和从前面看时，分别会呈现出什么样子。除小朋友们送达礼物的五栋建筑物外的其他建筑物投影图如图1。

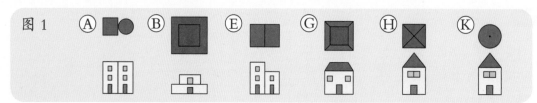

2 （1）首先，从 彩香看到的 七个礼物盒开始思考，找到对应的盒子，并涂上相应的颜色。然后，再根据 小原看到的 把剩下的五个盒子涂上对应的颜色。

（2）给礼物盒的示意图标注 Ⓐ~Ⓚ 的标记，如图2。图3和图4标示出了 小光看到的 九个礼物盒和 绘里看到的 五个礼物盒，对应示意图中的各个礼物盒。另外还可以知道，示意图中的 Ⓒ 礼物盒，在 小光看到的 和 绘里看到的 图中都看不到。数一数，除 Ⓒ 以外的十一个礼物盒的颜色，Ⓖ 下方的礼物盒是红色的，所以红色和蓝色分别是四个，绿色是三个。因此，可以知道 Ⓒ 是绿色的。

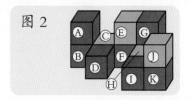

参考答案 (p58~59)

寻找宝船  图形、逻辑、顺序

难度 ☆

答案

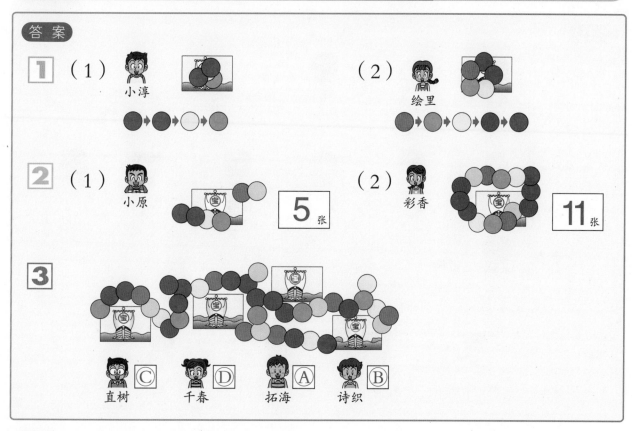

讲解 本题需要思考图形的重叠顺序。

1 先找到能完全看到的贴纸。
（1）蓝色贴纸能完全看到，可以知道最上方的贴纸（也就是应最先揭掉的贴纸）是蓝色的。揭掉蓝色贴纸时，想象一下下一张能完全看到的贴纸是哪一张吧。
（2）橙色的贴纸能完全看到，可以知道最上方的贴纸是橙色的。

2 找到没有接触宝船图的贴纸吧，没有接触宝船图的贴纸也就是可以不揭掉的贴纸。
（1）红色贴纸是可以不揭掉的贴纸。6−1=5，因此可以知道揭掉五张贴纸就可以了。
（2）在全部的十四张贴纸中，左上的三张（紫色、浅蓝色、橙色）是可以不揭掉的贴纸，14−3=11，所以需要揭掉十一张。

3 依次查看 Ⓐ～Ⓓ 宝船图需要揭掉的贴纸数吧。

扮 "鬼" 下棋   条件、思考、多情况

答案

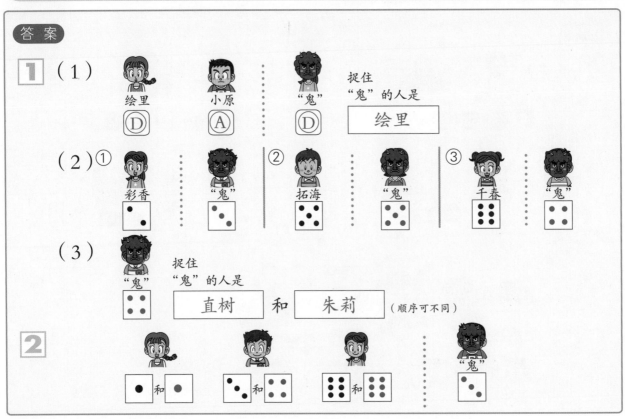

讲解 本题以游戏为题材，需要思考数字的合成。

1 （1）一边确认规则，一边查看各个小朋友停住的位置吧。
（2）①彩香停在了 Ⓒ。"鬼"逆时针前进，为了停在 Ⓒ，必须掷出 3。
②拓海停在了 Ⓐ。"鬼"要掷出 5。
③千春停在了 Ⓑ。"鬼"要掷出 4。
（3）想一想大家停住的位置，从正彦开始依次是 Ⓔ、Ⓒ、Ⓓ、Ⓑ、Ⓑ、Ⓐ。因为捉住"鬼"的人有两个，所以可以知道，捉住"鬼"的人是停在相同位置的直树和朱莉。

2 注意三个人掷骰子点数的合计数是不同的，查找掷两次骰子后停住的位置。最小的点数为 1+1=2，走 2 步。最大的点数是 6+6=12，走 12 步。点数 2～12 停住的位置，如下图。

2	3	4	5	6	7	8	9	10	11	12
Ⓒ	Ⓓ	Ⓔ	Ⓐ	Ⓑ	Ⓒ	Ⓓ	Ⓔ	Ⓐ	Ⓑ	Ⓒ

其中，停住三次的位置是 Ⓒ。因此，答案是两个骰子的点数合计为 2、7、12 三种情况。

冰雪节  条件整理

答案

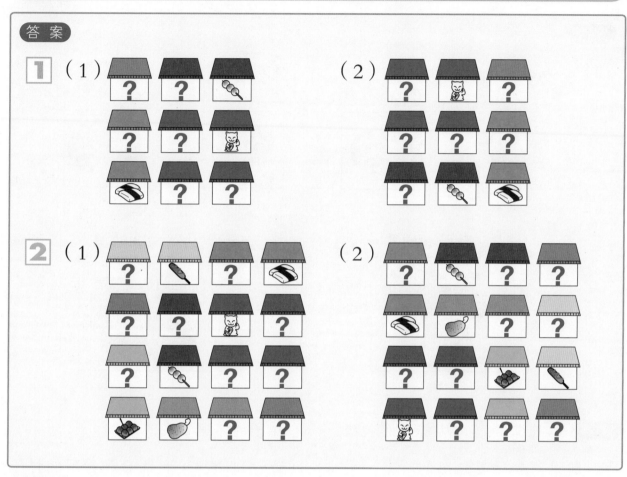

讲解 本题需要根据规则思考配置。想一想，哪个摊位的位置能够先确定下来吧。

1 思考九间摊位的配置。
（1）红色摊位的配置方式只有一种，可以直接确定。因为蓝色的下方是红色，所以蓝色左右排列。因为绿色的右侧是红色，所以绿色上下排列。
（2）红色摊位的配置共有两种方式。绿色左侧是蓝色，绿色只能上下排列，所以可以确定红色摊位是左上的四间。

2 思考十六间摊位的配置。
（1）首先，确定红色、浅蓝色和紫色的摊位。然后再确定剩余摊位的配置方式吧。
（2）先确定红色摊位的配置，确定了红色之后，就能确定绿色和紫色的配置。最后，再确定剩余摊位的配置方式吧。

不一样的气球

答案

1 从后面拍的照片

 ① — Ⓑ   ② — Ⓒ    ③ — Ⓓ    ④ — Ⓐ

2 （1）从后面拍的照片

（2）从后面拍的照片

讲解 本题需要思考从前面看和从后面看样子的不同。

1 随着气球位置组合的改变，气球从前面看到的样子和从后面看到的样子也会不同，仔细思考一下吧。

Ⓐ 从前面看时，气球的前后顺序依次为红色→粉色→黄色。所以，从后面看的话，依次是黄色→粉色→红色。符合这个顺序的是④。

Ⓒ 和 Ⓓ，从前面看的时候，依次为粉色→红色→黄色。根据红色和黄色的左右位置关系仔细查看。Ⓒ 从后面看的话，红色到了右侧。所以，可以知道对应的是②。请仔细观察，得出答案吧。

2 根据气球的位置组合，思考从后面看时的样子吧。

（1）从后面看时，依次为黄色→红色→绿色。因此，可以知道以下几点。

第一，黄色气球能完全看到。

第二，红色气球与黄色重叠的位置从后面看不到。

第三，从后面只能看到绿色气球没有与黄色气球和红色气球重叠的部分。

（2）与（1）相同，从后面看时，粉色气球在最前面，先从粉色涂起吧。

青蛙排排站　　　　条件整理、逻辑

答案

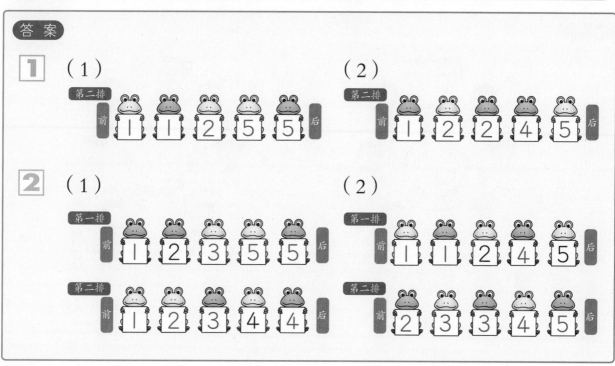

讲解 这是一道有关数字顺序的问题，准备数字卡片，实际摆一摆、试一试吧。

1 一边确认排序的规则，一边排列第二排的青蛙吧。
（1）排列在第二排的数字为1、1、2、5、5。涂青蛙时注意颜色的顺序。
（2）排列在第二列的数字为1、2、2、4、5。涂青蛙时注意颜色的顺序。

2 已知排列着的青蛙的颜色，写出没有使用过的数字，会更容易思考。
（1）没有使用的数字为1、1、2、3、3、4、5、5，根据青蛙的颜色可以知道第一排的第一只为1。那么第二排的第一只也为1。然后，思考（黄2）的位置。因为不能排列在（绿2）的后面，所以可以确定（黄2）为第二排的第二只。第二排的第三只夹在（黄2）和（黄4）中间，所以可以知道是（绿3）。那么，第一排的第三只就是（黄3）。剩余的数字为（绿4）、（黄5）、（绿5），剩余的青蛙中，黄色为第一排的第四只。所以可以知道，第一排的第四只为（黄5），第五只为（绿5）。剩下的（绿4）为第二排的第五只。
（2）没有使用的数字为1、1、2、3、3、4、4、5。因为第一排的第三只是（黄2），第一只和第二只只能是（黄1）、（绿1）。然后，第二排的最后一只为（绿5），剩余的数字为（绿2）、（黄3）、（绿3）、（黄4）、（绿4）。此处，第二排的（第一只和第二只）、（第三只和第四只），分别是绿、黄的顺序，所以可以知道每组填入的数字都不同，符合规则的排列方法只有（绿2）、（黄3）、（绿3）、（黄4）。剩余的（绿4）为第一排的第四只。

难度 ★★

点心轮盘

逻辑、推理、思考

答案

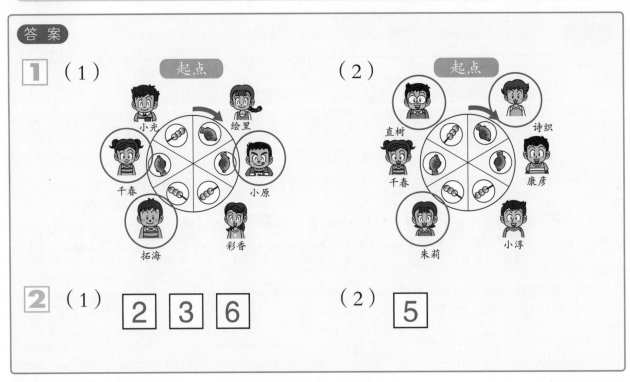

1 （1）

2 （1） [2] [3] [6]   （2） [5]

讲 解 　本题需要想象桌子转动的样子。与转动方法示例中在 起点 处的标记方法相同，将盘子标上 Ⓐ～Ⓕ 的序号吧（右图）。

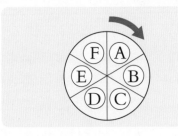

1 已知骰子的点数，找一找，盛着鲷鱼烧的盘子转到哪儿去了。
（1）盛着鲷鱼烧的盘子是 Ⓐ、Ⓑ、Ⓔ。均转动三个位置，Ⓐ 从绘里面前来到了拓海面前，Ⓑ 从小原面前来到了千春面前，Ⓔ 从千春面前来到了小原面前。
（2）盛着鲷鱼烧的盘子还是 Ⓐ、Ⓑ、Ⓔ。这一次转动五个位置思考一下吧。

2 思考小原能吃到大泡芙的转动方法。
（1）盛着大泡芙的盘子是 Ⓑ、Ⓔ、Ⓕ。仔细查看各转动几下大泡芙会来到小原面前吧。可以知道 Ⓑ 为 6 下，Ⓔ 为 3 下，Ⓕ 为 2 下。
（2）因为小原没有吃到大泡芙，所以骰子的点数为 1、4、5 之一。点数是 5 时，Ⓕ 的大泡芙就会转到千春面前，点数为 1 和 4 时千春得到的不是大泡芙。

剪刀、石头、布  图形、想象

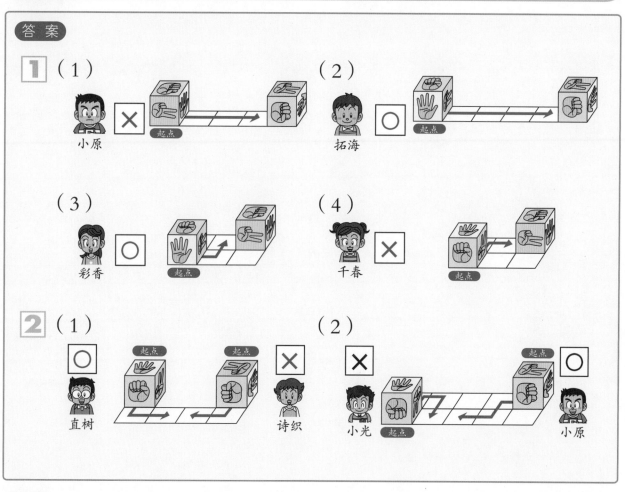

答 案

1 （1） 小原 ×

（2） 拓海 ○

（3） 彩香 ○

（4） 千春 ×

2 （1） ○ 直树 ×诗织

（2） ×小光 ○ 小原

讲 解 这是一道考察立体思维的问题。可以制作剪刀、石头、布的骰子，实际滚一滚、试一试。

1 向一个方向滚动时，两个图案会交替出现，仔细思考一下吧。另外，因为在上方能看到的图案与下方的图案是相同的，所以也可以追踪下方的图案，要注意这一点。（1）、（2）中，相遇时的骰子方向如图1。

2 （1）滚动之后直树的骰子是剪刀，诗织的骰子是布，画出对应的○和×吧。
（2）滚动之后小光的骰子是布，滚动小原的骰子，使它与小光的骰子相遇。滚动方法共有四种（图2），出现剪刀的滚动路线只有一种。

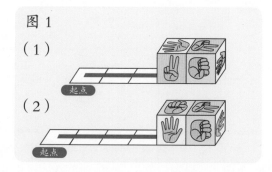

图1
（1）
（2）

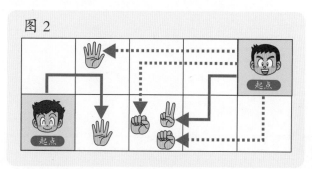

图2

这一页，可以计算或画图表，请自由使用。

学习结束后，在 位置贴上贴纸吧！

附赠贴纸可以贴在任何喜欢的地方。

前　言

日本光辉教育小学部活用多年来小升初考试指导的经验和技巧，自1999年4月面向中低年级的孩子开设家教课程（Pigma club）。为了让孩子能够自主地、充满热情地做练习，更早地打好未来学习能力的根基——拥有思考力和解决问题的能力，在研发课程教材时，我们下了很多功夫——不只是单纯地罗列问题，还加入了快乐的游戏题、测试题以及很多人物角色等。所以，在翻开本书时，会有各种各样的发现。作为划时代的家教课程教材，本系列图书广受好评，我们也听到了很多如"想再多解答一些同样有趣的问题"的声音。

因此，为了让更多的孩子了解Pigma的世界，从2004年4月开始，Pigma club和《日本朝日小学生报》共同企划，每月刊登一期面向小学一年级至四年级学生的问题，然后针对孩子们的答案，给出提示和建议，细心修改后再反馈给孩子们。每次我们都会收到许多答案，孩子们的答案里藏着独特又丰富的想象力，真是让人惊喜。

在连载内容的基础上，添加一些新的题目，就构成了本系列图书。

热爱思考的孩子的眼睛闪闪发亮，散发着思考力和创造力的光辉。为了能让孩子更加喜欢思考、爱上学数学，请家长一定要使用本系列图书，让孩子感受数学世界的不可思议和思考的乐趣。

日本光辉教育小学部

日本朝日小学生报 推荐

在2007年的某项调查中，被问及"你认为学数学有趣吗"时，小学四年级的学生中有70%认为有趣，而初中二年级的学生则只有39%认为有趣。也就是说，十岁的孩子，十个人中约有三个人不擅长数学，而四年后，三个人里就有两个人不喜欢甚至讨厌数学。

数学是按照公式或规则来进行思考并解答问题的。但是，如果认为数学原理烦琐，对单纯的反复又感到厌烦，那么，孩子就会在不知不觉中对数学失去兴趣。并且，也有越来越多的家长反映，在学习中，理解并针对问题进行思考和解答是当今孩子非常欠缺的能力。

本套书不只是让孩子解答问题，更重要的是培养孩子的数学思维。书中的问题设定种类多样，如果孩子能够耐心地解答、不断地挑战，将对提升孩子的数学思维大有裨益。另外，和爸爸妈妈一起解答也非常有趣。

所谓学习，就是不断重复"知道→思考→理解"的过程。这套书能够充分调动孩子与生俱来的对知识的好奇心和思考的独创性，非常推荐。

《日本朝日小学生报》主编　酒井辉男

本书的使用方法

1 ☆ 的数量表示问题的难易程度

☆的数量表示问题的难易程度，分别有 ☆、☆☆、☆☆☆ 三个等级。☆数量越多，则表示问题难度越大。问题又分为 1、2、3、4 四个等级，数字越高，难度就越高。☆ 的数量标示的是最后一个问题的难度星级。

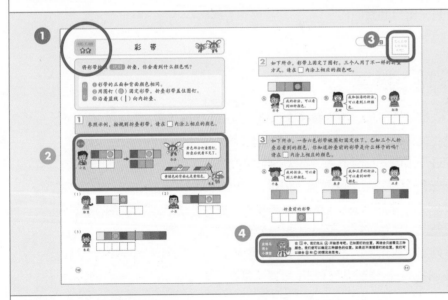

2 先从 示例 开始

示例 中写有该问题的解答方式，因此让我们先从示例开始吧。请仔细阅读皮格马博士、洛洛、美美给我们的提示和说明。

查看 示例 后，请认真思考其他题目的答案如何得出吧。

3 贴上贴纸

做完习题、对完答案后，请在写有"完成后贴上鼓励贴纸吧"的方框内贴上鼓励贴纸。

请和家长一起核对答案，如果遇到不会的题目，请继续认真思考吧。

4 来自博士的提示

在"皮格马博士小课堂"里有解开问题的线索。遇到实在搞不懂的问题，向家长请教一下吧。

目 录

填写练习日期，制订学习计划，加油吧！

小兔子跳一跳

小光和小朋友们在玩"小兔子跳一跳"游戏。
请阅读 游戏规则 ，回答以下问题。

游戏规则

❶ 从 起点 开始，越过所有树桩（◎ 或 ◎），到达 终点 。

❷ 如示例所示，在 □ 中，只能纵向、横向或斜向越过树桩。没有树桩的地方无法跳跃前进。

❸ 同一个树桩可以越过两次，但是 □ 不能重复通过。

跳跃方式示例

1 大家都是如何跳到终点的呢？请用 → 画出跳跃的路线。

（1）每个 ◎ 都跳过一次。

 示例

请从 起点 跳到 终点 ，"小兔子"是按照 →、↑ 和 ↗ 的顺序跳跃的。

 洛洛

①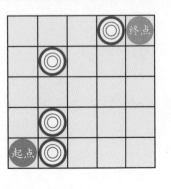

 小光

②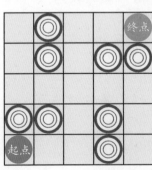

 绘里

（2）树桩 ◎ 只能越过一次，树桩 ◎ 要越过两次。

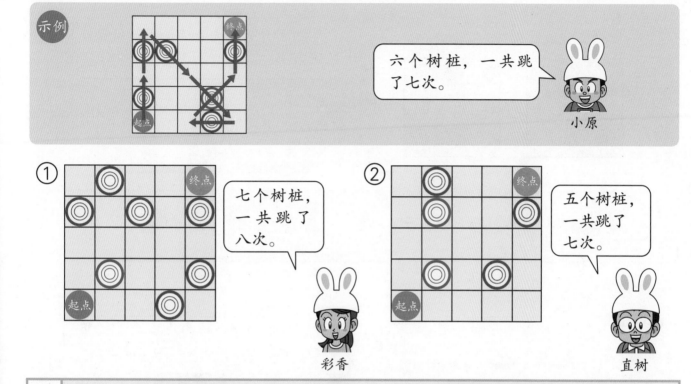

示例

六个树桩，一共跳了七次。

小原

① 七个树桩，一共跳了八次。

彩香

② 五个树桩，一共跳了七次。

直树

2 已知树桩的位置，请把越过一次的树桩 ◎ 涂成茶色、越过两次的树桩 ◎ 涂成红色，并用 → 画出跳跃的路线。

（1）五个树桩，一共跳了六次。

拓海

（2）六个树桩，一共跳了八次。

朱莉

皮格马博士小课堂

我们首先要思考从起点开始第一次跳跃的方向。确定了第一次的方向后，再观察接下来的前进方向。如果无法前进了，就回到原来的位置重新跳吧。

水果卡片

折叠水果卡片后，我们会看到什么呢？注意：卡片均向内折叠。

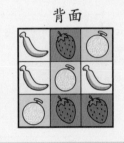

正面　　背面

水果卡片的正面和背面画着同样的水果。

美美

1 思考卡片折叠后的样子，在 □ 内涂上相应的颜色。

（1）每张卡片折叠了一次。

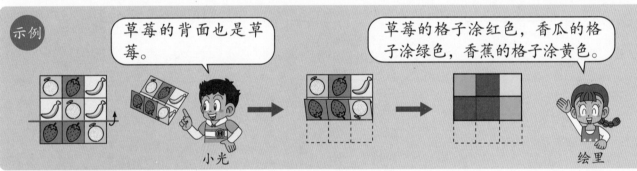

示例

草莓的背面也是草莓。

草莓的格子涂红色，香瓜的格子涂绿色，香蕉的格子涂黄色。

小光　　绘里

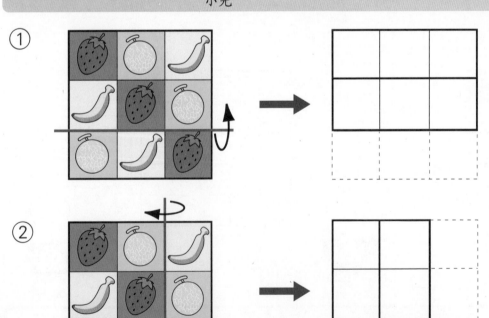

①

在格子里涂上颜色就好了。

小原

②

（2）每张卡片折叠了两次。

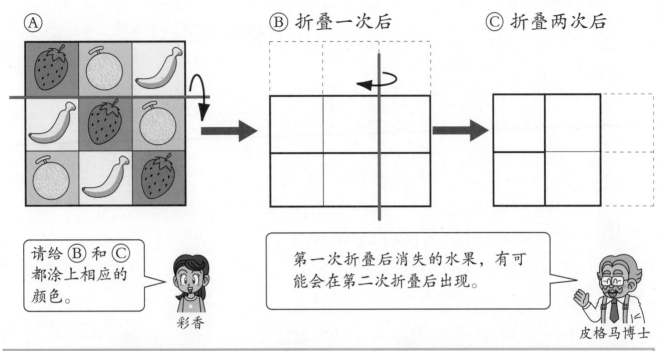

请给 Ⓑ 和 Ⓒ 都涂上相应的颜色。

彩香

第一次折叠后消失的水果，有可能会在第二次折叠后出现。

皮格马博士

2 已知折叠两次后的卡片的样子，它是沿着哪条线折叠的呢？请在下方的 Ⓐ 和 Ⓑ 上用红色笔画出折线。

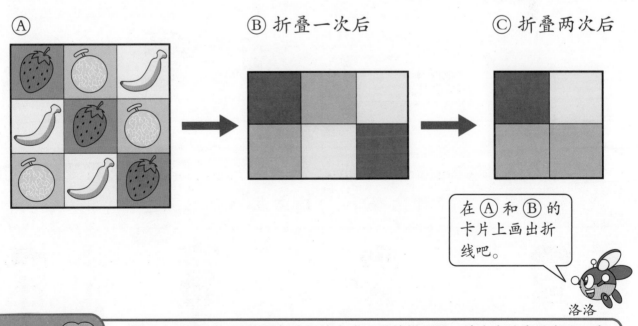

在 Ⓐ 和 Ⓑ 的卡片上画出折线吧。

洛洛

皮格马博士小课堂

第二次折叠时，沿着哪条线折能变成上面的样子呢？请大家认真思考下。在 **2** 中，只根据 Ⓑ 的结果是无法准确知道 Ⓐ 的折线的，Ⓐ 的折线有两种，大家试着找出来吧。

郁金香

请按 规则 摆放郁金香。

规则

❶ 花盆里长有粉色（🌷）、红色（🌷）、黄色（🌷）三种不同颜色的郁金香。

❷ 首先，将装有🌷的花盆放在左上角的格子里。
然后按照"粉色→红色→黄色→粉色→红色→黄色……"的顺序依次在格子里摆放郁金香。注意：要在放好的郁金香旁边的格子里放下一盆郁金香。

❸ 所有的格子都要摆放郁金香。

符合 规则 的摆放方式

洛洛

首先，这里要放🌷郁金香。

例1

例2

例3

不符合 规则 的摆放方式

有空格没有摆放郁金香，不符合 规则 。

美美

---

1 每个人都要摆满八盆郁金香，他们的郁金香分别是什么颜色的呢？请给郁金香（🌷）涂上相应的颜色吧。

① 小光

② 绘里

③ 小原

④ 彩香

2 有两盆相同颜色的郁金香呈纵向排列。请给郁金香 ( ) 涂上相应的颜色吧。

（1）摆放了十盆郁金香。

①

两盆 呈纵向排列。

直树

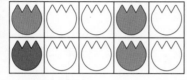

②

两盆 呈纵向排列。

诗织

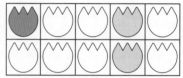

（2）摆放了十四盆郁金香。

①

呈纵向排列的 有两处。

拓海

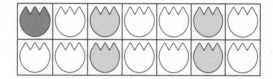

②

呈纵向排列的 有两处。

朱莉

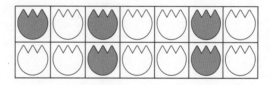

③

呈纵向排列的 有两处。

千春

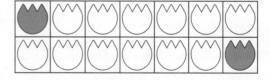

④

呈纵向排列的 有一处。

小淳

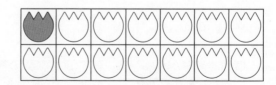

皮格马博士小课堂

在 2 中，请大家多多尝试不同的摆放方式。在尝试的过程中，就会出现两个同色系郁金香纵向排列的情况了。别放弃，多多尝试吧!

彩 带

将彩带按照 规则 折叠，你会看到什么颜色呢?

规则

❶ 彩带的正面和背面颜色相同。

❷ 用图钉 (⬤) 固定彩带，折叠彩带盖住图钉。

❸ 沿着蓝线 (|) 向内折叠。

1 参照示例，按规则折叠彩带。请在 ☐ 内涂上相应的颜色。

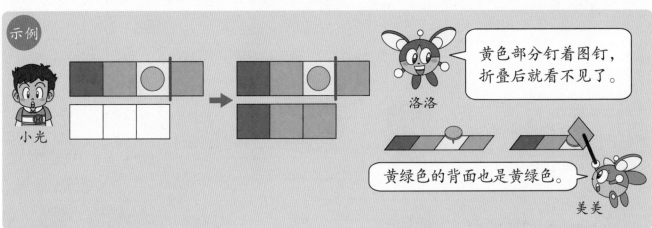

示例

小光

洛洛

黄色部分钉着图钉，折叠后就看不见了。

黄绿色的背面也是黄绿色。

美美

（1）

绘里

（2）

小原

（3）

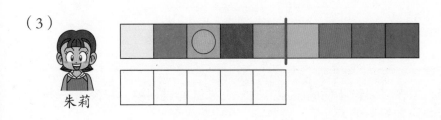

朱莉

2 如下所示，彩带上固定了图钉。三个人用了不一样的折叠方式。请在 ☐ 内涂上相应的颜色吧。

Ⓐ 彩香　我的折法，可以看到四种颜色。

Ⓑ 直树　我和拓海的折法，可以看到三种颜色。

Ⓒ 拓海

3 如下所示，一条六色彩带被图钉固定住了。已知三个人折叠后看到的颜色，你知道折叠前的彩带是什么样子的吗？请在 ☐ 内涂上相应的颜色。

Ⓐ 千春　我的折法，可以看到三种颜色。

Ⓑ 康彦　我和正彦的折法，可以看到四种颜色。

Ⓒ 正彦

折叠前的彩带

皮格马博士小课堂

在 **3** 中，我们先从 Ⓐ 开始思考吧。已知图钉的位置，再结合只能看见三种颜色，我们便可以确定三种颜色的位置。如果还不清楚图钉的位置，我们可以结合 Ⓑ 和 Ⓒ 的情况来思考。

填数拼图

大家在玩"填数拼图"游戏。请结合 规则 ，在 ⬡ 内填入相应的数字。

规则
1. 最上层的 ⬡ 内填入数字。
2. 在下一层的 ⬡ 里填入上一层中用蓝色线条（—）连接着的两个数字之差。

这里要填写上一层中 5 和 8 的差，所以应填 3。

⑤ ⑧
③

美美

---

1 上一层的数字如下所示，请问下面两层分别应该填入什么数字呢？

示例

④ ⑨ ③
⑤ ⑥
①
小光

（1）

③ ⑧ ①
绘里

（2）
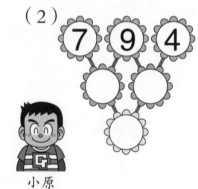
⑦ ⑨ ④
小原

---

2 每个人都要从数字 1～9 中选出六个数字来玩"填数拼图"游戏。已知三个 ⬡ 中的数字，请思考，其余的 ⬡ 里分别应该填入什么数字呢？

（1）
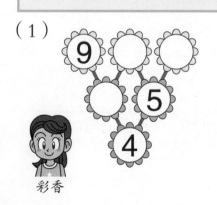
⑨
⑤
④
彩香

（2）
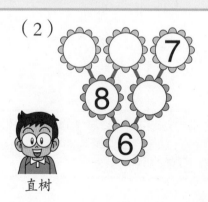
⑦
⑧
⑥
直树

（3）

⑧
⑤
③
千春

3 从数字 1～6 中，每次选择一个数填入"填数拼图"中，注意每个数字只能使用一次。已知（1）、（2）题中两个人的填数方法不相同，请问他们是怎么填的呢？

（1）
（2）

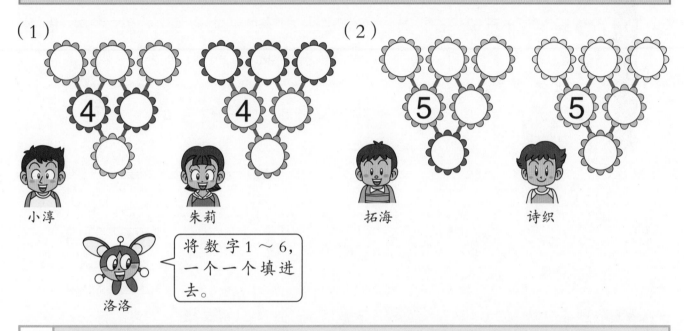

小淳　　　　朱莉　　　　　　拓海　　　　诗织

将数字 1～6，一个一个填进去。

洛洛

4 从数字 1～10 中，每次选择一个数填入"填数拼图"中，注意每个数字只能使用一次。请问他们是怎么填的呢？

哪个 ◯ 里应该填 10 呢？大家找一找。

康彦

皮格马博士小课堂

在 **4** 中，已知 6 和 7 这两个数字的位置。如果没有这个条件，还有另外三种填数方式（不包括左右翻转的情况）。大家去找一找吧。

难度 ★★★

翻卡片

1 大家在玩"翻卡片"游戏，只有卡片的正面有水果图案。请阅读 规则 ，回答问题。

规则

①将水果卡片背面朝上排列。

②同时翻开两张卡片，如果出现相同的水果，就可以得到卡片上的水果；如果没有出现相同的水果，则无法获得水果。

③翻开的卡片上不是相同水果时，将翻开的卡片还原，让下一个参与者接着玩。

示例 如右图所示，🍎、🍎、🍌、🍌四张卡片背面朝上排列。根据大家的描述，在 □ 内填入相应的编号。

（1）四张卡片背面朝上如右图所示排列。根据大家的描述，在 □ 内填入相应的编号。

第一人

我翻开了 Ⓐ 和 Ⓒ。Ⓐ 是 🍊，Ⓒ 是 🍐，没中。

小光

第二人

我翻开了 Ⓒ 和 Ⓓ，也没中。

彩香

第三人

我翻开了 Ⓐ 和 □ ，中啦。

小原

（2）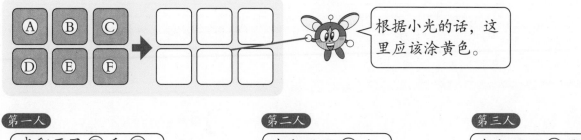、、、、、 六张水果卡片如下图所示背面朝上排列。根据大家的描述，给 □ 涂上颜色（🍓涂红色、🍍涂黄色）。

根据小光的话，这里应该涂黄色。

第一人

我翻开了 Ⓓ 和 Ⓔ，Ⓓ 是🍓，Ⓔ 是🍍，没中。

小光

第二人

我翻开了 Ⓒ 和 Ⓔ，没中。

绘里

第三人

我翻开了 Ⓑ 和 Ⓔ，没中。

小原

（3）、、、、、 六张水果卡片如下图所示背面朝上排列。根据大家的描述，给 □ 涂上颜色（涂橙色、涂绿色、涂紫色）。

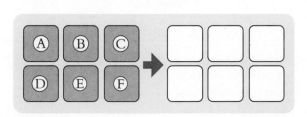

第一人

我翻开了 Ⓐ 和 Ⓔ，Ⓐ 是🍇，Ⓔ 是🍊，没中。

千春

第二人

我翻开了 Ⓐ 和 Ⓕ，也没中。

康彦

第三人

我翻开了 Ⓐ 和 Ⓒ，也没中。

直树

第四人

我翻开了 Ⓒ 和 Ⓓ，中啦。

正彦

皮格马博士小课堂

这是一道梳理条件的问题，运用表格可以帮助我们理解。试着用表格归纳已知条件吧。

布置文艺会会场

小光和小朋友们在布置文艺会会场，需要把一些六角形的彩色卡片贴在墙上，而相邻的 ⬡ 要使用不同的颜色。根据不同的要求，他们应该贴哪些颜色的卡片呢？

1 已知使用的卡片颜色是红色、蓝色和黄色，请在 ⬡ 里涂上相应的颜色。

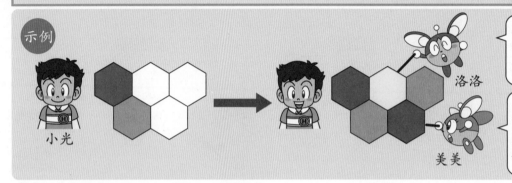

这里和红色、蓝色相邻，所以涂黄色。

左上角是黄色，这里与蓝色和黄色相邻，所以涂红色。

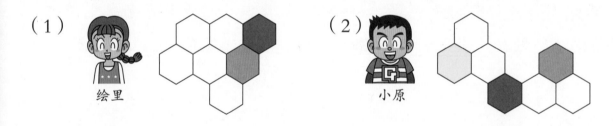

（1）绘里

（2）小原

2 已知使用的卡片颜色是红色、黄绿色和黄色，以及各种颜色卡片的数量，请在 ⬡ 中涂上相应的颜色。

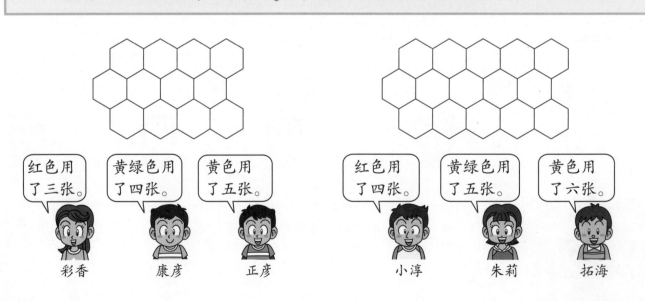

红色用了三张。 彩香

黄绿色用了四张。 康彦

黄色用了五张。 正彦

红色用了四张。 小淳

黄绿色用了五张。 朱莉

黄色用了六张。 拓海

3 已知使用的卡片颜色是红色、蓝色、黄绿色，请在 ⬡ 中涂上相应的颜色。

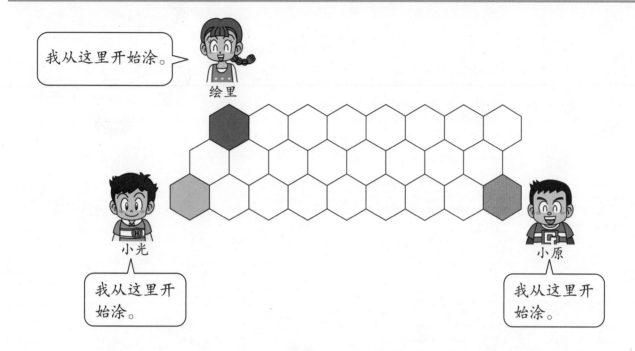

4 已知使用的卡片颜色是蓝色、黄绿色、橙色和粉色，请在 ⬡ 中涂上相应的颜色。

（1）

（2）

诗织

千春

皮格马
博士
小课堂

在相邻的三张彩色卡片中，已知其中两张卡片的颜色后，自然就知道了剩下一张卡片的颜色了。注意使用三种颜色时颜色的规律。

连一连

小朋友们在用彩带玩游戏。请阅读 游戏规则 ，回答问题。

游戏规则

大家围成了一个圈，间距相等。
两个人为一组拉直手中的彩带。
每个人分别拉住彩带的一端。

1

六个人围成一个圈，如下所示，他们使用了三种颜色的彩带。

红色彩带	蓝色彩带	绿色彩带
（相邻两人之间的彩带长度）	（中间隔一人时，两人之间的彩带长度）	（相对的两人之间的彩带长度）

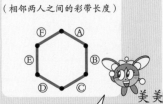 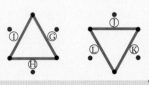

手拿红色彩带的两人，有 Ⓐ～Ⓕ 六种可能。

手拿蓝色彩带的两人，有 Ⓖ～Ⓛ 六种可能。 小光

手拿绿色彩带的两人，有 Ⓜ～Ⓞ 三种可能。 绘里

美美

已知所用彩带的种类，请找出分别是哪两个人拉着同一条彩带，并用相应颜色的线将对应的两个 ● 连接起来。

示例

我用了一根红色彩带和两根蓝色彩带。

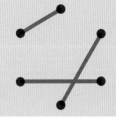

代表彩带的线可以相交。

拓海组

洛洛

① 我用了两根红色彩带、一根绿色彩带。

小原组

② 我用了两根蓝色彩带、一根绿色彩带。

彩香组

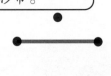

2 八个人围成一个圈。如下所示，他们使用的彩带有四种颜色。

橙色彩带	黄绿色彩带	紫色彩带	水蓝色彩带
（相邻两人之间的彩带长度）	（中间隔一人时，两人之间的彩带长度）	（中间隔两人时，两人之间的彩带长度）	（相对的两人之间的彩带长度）

（1）两个人一组，一共四组。用以上准备好的彩带，选择相应的颜色连线。

① 我这一组用了四根黄绿色彩带。

拓海组

② 我这一组用了橙色、黄绿色、紫色和水蓝色，一共用了四根。

朱莉组

① 和 ② 的组合方式分别有两种。请选择一种连接吧。

美美

（2）以下四组中，有两组无法用准备好的彩带将组员分成两人一组，是哪两组呢？请在 ⬚ 内填写出相应组的名字。

我们组用了三根橙色彩带和一根紫色彩带。

小光组

我们组用了两根橙色彩带、一根紫色彩带和一根水蓝色彩带。

小原组

我们组用了两根黄绿色彩带和两根水蓝色彩带。

绘里组

我们组用了一根橙色彩带、一根黄绿色彩带和两根紫色彩带。

千春组

组	组

皮格马博士小课堂

同一种颜色的彩带，无论方向或位置怎么改变，长度都是不变的。从不同颜色的彩带中先选择长彩带思考会容易一些。

跳跳邮递员

开学啦，老师重新给同学们安排了座位。这会儿，大家趁休息时间使用负责分发信件的跳跳邮递员和朋友交换信件。

跳跳邮递员的使用方法

跳跳邮递员

① 将信件交给跳跳邮递员。

② 需要告知跳跳邮递员转几次弯、跳跃几次才能把信准确送到朋友手中。

③ 跳跳邮递员会沿着 ……… 跳过一张又一张桌子，传送中同一张桌子不能重复通过。

④ 可以通过其他邮递员经过的地方。

送信路线

转 2 次跳 3 次

洛洛

需要将 Ⓐ 的信送给 Ⓑ。跳跳邮递员沿着①→②→③的次序在 ● 转了两次、跳了三次才把信送到。

---

1 □ 处的小光要把信交给 □ 处的小原。根据跳跳邮递员转弯和跳跃的次数，思考出两种投递路线，并用 ⌒→ 画出来。

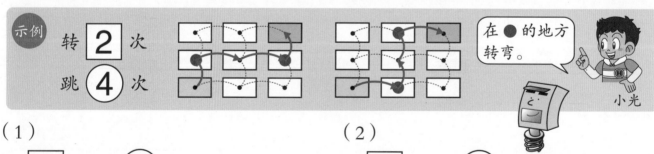

示例　转 2 次　跳 4 次

在 ● 的地方转弯。

小光

（1）

转 1 次跳 4 次

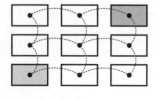

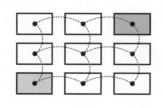

（2）

转 4 次跳 8 次

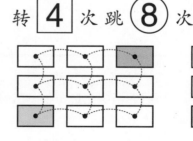

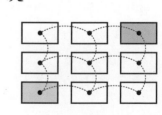

2 □ 处的绘里给三个人都写了信。跳跳邮递员都是转了一次、跳了三次后将三封信送达的，三个人分别坐在哪里呢？请用 ■ 标出这三个人的座位。

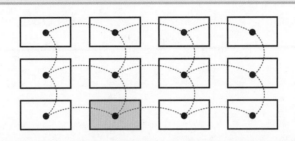

3 □ 处的小原和 □ 处的小光都给拓海写了信，□ 处的绘里和 □ 处的彩香都给千春写了信。根据大家的描述，请用茶色 ■ 标出拓海的座位，用红色 ■ 标出千春的座位。

转了 [0] 次、跳了 ③ 次，我的信才送到拓海手上。

小原

转了 [1] 次、跳了 ⑤ 次，我的信才送到千春手上。

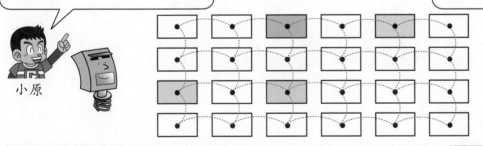

绘里

我的信交给拓海啦。转了 [3] 次、跳了 ⑤ 次。

小光

你知道我的座位在哪里吗？

拓海

我收到了绘里和彩香的信啦。

千春

我的信也寄给千春啦，转了 [2] 次、跳了 ③ 次。

彩香

皮格马博士小课堂

在 3 中，根据小原的提示，我们可以推测出拓海的座位有两种可能；再根据小光的提示，我们就能确定拓海的座位是哪一处了。

找到那个人

难度 ☆

大家在玩"找到那个人"游戏。请阅读 规则，回答问题。

规则

① 十五个人将卡片背面朝上排列。

② 一些人拿到的是提示卡，提示大家要找的那个人所在的位置。提示卡有四种类型（右图），如果拿到的是 左，表示"那个人"在他的左边。

③ 根据提示卡的信息推断出谁才是"那个人"。

提示卡

左	右
上	下

1 ○ 里的三个人拿到了提示卡，谁才是"那个人"呢？请在"那个人"的 □ 内涂上红色。

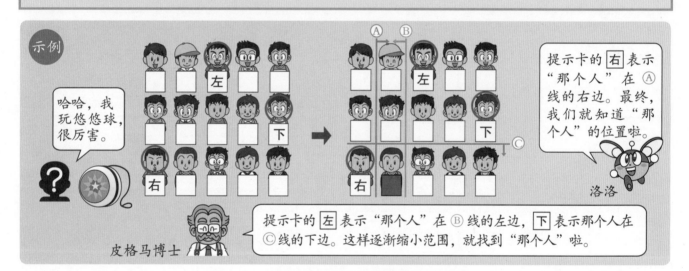

示例

哈哈，我玩悠悠球，很厉害。

皮格马博士

提示卡的 左 表示"那个人"在 Ⓑ 线的左边，下 表示那个人在 Ⓒ 线的下边。这样逐渐缩小范围，就找到"那个人"啦。

提示卡的 右 表示"那个人"在 Ⓐ 线的右边。最终，我们就知道"那个人"的位置啦。

洛洛

剑玉是我的强项。

22

2 ○ 中的四个人中，三个人拿着提示卡，一个人拿着红卡。请根据三个人的提示卡推断出"那个人"的位置，并在对应的 □ 内涂上红色。

（1）

（2）

（3）

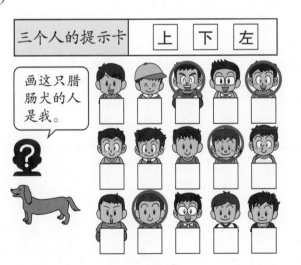

（4）

皮格马
博士
小课堂

在 **1** 中，从提示卡 下 我们可以推断出符合条件的有五人，符合提示卡 左 的有九人，快去确认下吧。

夹 球

大家在玩"夹球"游戏。游戏机里红色（●）、蓝色（●）、黄色（○）、绿色（●）、橙色（●）的球各有一个。请阅读 *游戏规则* ，回答问题。

游戏规则

① 用机器夹起五个球。如下所示，每种颜色的球都有其对应的分数。

② 继续夹球，没夹住球时游戏结束。

③ 结束时，夹住的球的总分数就是那个人的得分。

④ 第一个人游戏结束后，第二个人重新开始夹球。

⑤ 按照分数从高到低的顺序排名。

球与其对应的分数

●20分 ●30分 ○40分 ●50分 ●60分

绘里

---

1 已知三个人获得的球数和颜色，请在 ☐ 内写出相应的得分和排名。

小光

我夹了两个球，第三次夹球时失败了。

	分
第	名

绘里

我夹了三个球。

	分
第	名

小原

太好啦，我全部都夹住啦。

	分
第	名

2 三个人都获得了 110 分。他们分别夹住了哪些球呢？请在 ◯ 内涂上适当的颜色。

我夹了两个。

诗织

我夹了三个，其中有一个是 ◯。

朱莉

我也夹了三个球，但球的颜色和朱莉不一样。

拓海

3 已知三个人的排名和所得分数。请在 ◯ 内涂上相应的颜色，并在 ▭ 内写出相应的分数。

（1）

康彦

180 分
第 1 名

彩香

分
第 3 名

正彦

分
第 2 名

（2）

直树
我夹了三个球，其中两个分别是 ● 和 ●。

分
第 3 名

千春
我夹了三个球，是第一名。

分
第 1 名

小淳

分
第 2 名

皮格马博士小课堂

根据夹球数量、得分、排名这三个已知条件推算夹出了哪些颜色的球。只夹了四个球，反过来说就是有一个球没夹住，这一点大家注意下。

钩水球

1 绘里和朋友们在玩"钩水球"游戏，四个人每人都钩住了两个水球。根据大家的描述，请在 ◯ 内涂上相应的颜色。

（1）

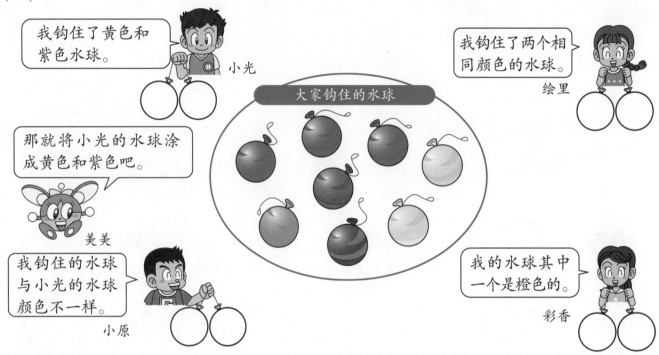

我钩住了黄色和紫色水球。 小光

我钩住了两个相同颜色的水球。 绘里

那就将小光的水球涂成黄色和紫色吧。 美美

我钩住的水球与小光的水球颜色不一样。 小原

大家钩住的水球

我的水球其中一个是橙色的。 彩香

（2）

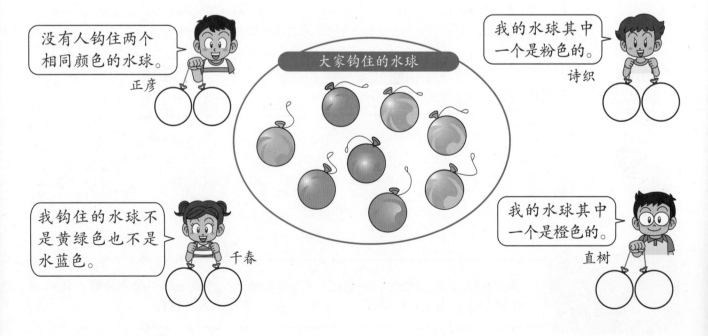

没有人钩住两个相同颜色的水球。 正彦

我的水球其中一个是粉色的。 诗织

大家钩住的水球

我钩住的水球不是黄绿色也不是水蓝色。 千春

我的水球其中一个是橙色的。 直树

2 八个人在玩套圈游戏，他们获得的小礼品分别是奶糖、玩偶、烟花、汽水中的一种。每种小礼品都有两人获得。根据大家的描述，请在 □ 内填写相应的名字。

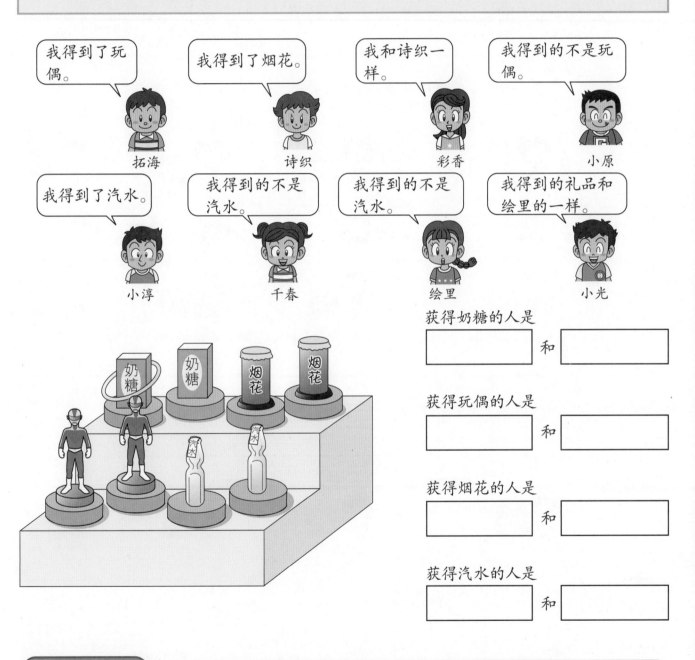

我得到了玩偶。
——拓海

我得到了烟花。
——诗织

我和诗织一样。
——彩香

我得到的不是玩偶。
——小原

我得到了汽水。
——小淳

我得到的不是汽水。
——千春

我得到的不是汽水。
——绘里

我得到的礼品和绘里的一样。
——小光

获得奶糖的人是 □ 和 □

获得玩偶的人是 □ 和 □

获得烟花的人是 □ 和 □

获得汽水的人是 □ 和 □

皮格马博士小课堂

在 ① 中，知道谁钩住了哪个水球，就在水球上画斜线标示出来。在 ①（2）中，没有人钩住了两个颜色相同的水球，这一点要注意。在 ② 中，要注意题中说"每种小礼品都有两人获得"。

钓金鱼

小光和朋友们在玩"钓金鱼"游戏。请阅读 游戏规则 ，回答问题。

游戏规则

① 三个人猜三次拳。

② 猜拳获胜的一方按照以下规则获得金鱼。

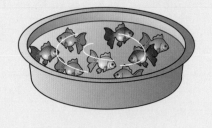

只有一个人获胜时，获胜者可得六条金鱼。

小光

我赢啦，得到了六条金鱼。

绘里

小原

两个人获胜时，获胜者各得三条金鱼。

获胜的两个人各得三条金鱼。

三个人出的都是石头。

平局时，大家各得两条金鱼。

大家出的都不一样。

1

已知大家猜拳的手势，请在 ☐ 内填写相应的数字。

第一回合

小光

6 条

绘里

0 条

小原

0 条

第二回合

☐ 条

☐ 条

☐ 条

第三回合

☐ 条

☐ 条

☐ 条

小光总共

☐ 条

绘里总共

☐ 条

小原总共

☐ 条

2 三个人各获得了六条金鱼。请在 ▢ 内涂上与手势相应的颜色（石头涂红色 ✊、剪刀涂绿色 ✌、布涂蓝色 🖐），并在 ▢ 内填写相应的数字。

第一回合　　　　　　　第二回合　　　　　　　第三回合

彩香

3 条

拓海

0 条

千春

3 条

条

条

条

条

条

条

彩香总共
6 条

拓海总共
6 条

千春总共
6 条

3 已知所得金鱼数量，请在 ▢ 内涂上相应的颜色（石头涂红色 ✊、剪刀涂绿色 ✌、布涂蓝色 🖐）。

（1）

	第一回合	第二回合	第三回合	合计
朱莉		✊	🖐	2 条
小淳	✊		✌	11 条
直树	🖐	✊		5 条

从各自获得的金鱼总数开始思考吧。

洛洛

朱莉总共获得2条金鱼，也就是说有一次是平局，另外两次都输了。

皮格马博士

（2）

	第一回合	第二回合	第三回合	合计
正彦	✊		✌	5 条
诗织	✊	✊		5 条
康彦		🖐	✌	8 条

皮格马博士小课堂

即使猜拳的获胜方不同，每次三个人所得金鱼的总数都是六条，三次就是十八条。大家去确认下吧。

游泳圈的颜色

大家在沙滩上玩游戏。

游戏规则

① 两个人为一组，一个当 发出信号的人 ，一个当 取游泳圈的人 。

② 发出信号的人 用手或脚向 取游泳圈的人 传递要取的游泳圈的颜色。 取游泳圈的人 按照收到的信号取回相应颜色的游泳圈。

1 取游泳圈的人 根据 发出信号的人 的信号取游泳圈。用红线（—）将 发出信号的人 （●）与 取游泳圈的人 （★）连起来。传递的信号如下所示。

（1）

信号 举右手表示对方应取走红色游泳圈。

小光 → 所取游泳圈的颜色

洛洛

小光举了右手和左手。右手表示红色，左手表示蓝色，所以他应该和拿着红色和蓝色游泳圈的朱莉为一组。

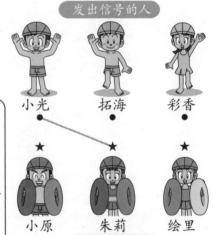

发出信号的人

小光 ● 拓海 ● 彩香 ●

★ ★ ★
小原 朱莉 绘里

取游泳圈的人

（2）

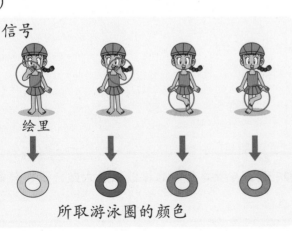

信号

绘里 → 所取游泳圈的颜色

发出信号的人

小原 ● 彩香 ● 小光 ●

★ ★ ★
诗织 拓海 朱莉

取游泳圈的人

2 不知道哪个信号对应哪种游泳圈的颜色，请根据下图中 发出信号的人 做出的动作和 取游泳圈的人 所取的游泳圈颜色，用 — 将•和对应的★连接起来。另外，还要将 ◎ 涂上相应的颜色。

（1）

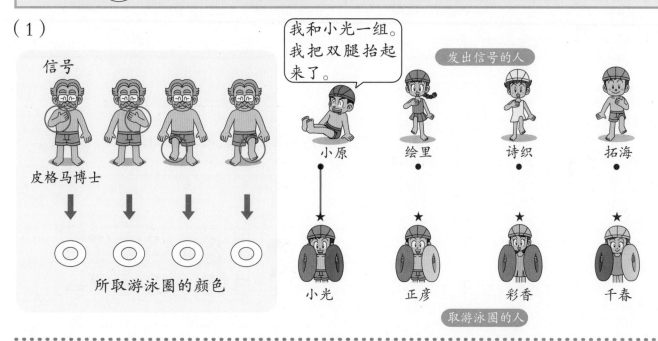

（2）

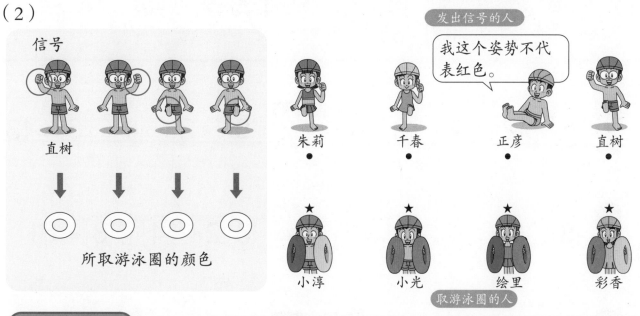

皮格马博士小课堂

在 **2**（1）中，拿蓝色游泳圈的有三个人。四个人中的三个人做出了哪些相同的动作呢？去确认下吧。

列算式

请用写有数字 1～9 的 数字卡片 列出不同的算式吧。

1 大家用四张 数字卡片 列算式。请在 ☐ 内填入相应的答案。

 示例

$9 + 3 - 2 + 4 = \boxed{14}$

$9 + 3 - 2 - 4 = \boxed{6}$

把 ④ 前面的 "+" 换成 "-" 的话，得到的答案相差 14-6=8。

 洛洛

（1）

 直树

$7 - 1 + 4 - 5 = \boxed{}$

$7 + 1 + 4 - 5 = \boxed{}$

（2）

 彩香

$1\,8 + 3 - 7 = \boxed{}$

$1\,8 - 3 - 7 = \boxed{}$

2 大家用 ②、③、④、⑧ 这四张 数字卡片 列算式，数字按如下所示顺序排列。请在 ○ 内填入 "+" 或 "-"。

① 拓海

$8 ○ 2 ○ 4 ○ 3 = 17$

② 康彦

$8 ○ 2 ○ 4 ○ 3 = 13$

③ 朱莉

$8 ○ 2 ○ 4 ○ 3 = 5$

④ 正彦

$8\,2 ○ 4 ○ 3 = 81$

⑤ 小淳

$8 ○ 2\,4 ○ 3 = 29$

⑥ 千春

$8 ○ 2 ○ 4\,3 = 49$

3

小光用四张 数字卡片 列算式，小原和绘里也按照小光的 数字卡片 的排列顺序各自列出了算式。他们都用了哪些 数字卡片 呢？请在 □ 内填入相应的数字。

（1）
① 小光　□□□ ＋ □ ＝957

② 小原　□ ＋ □□□ ＝552

③ 绘里　□□ ＋ □□ ＝138

小光的算式是一个三位数，加一个一位数得出957。我们就知道三位数的百位是多少了。

洛洛

（2）
① 小光　□ ＋ □□ ＋ □ ＝44

② 小原　□ ＋ □□ － □ ＝36

③ 绘里　□ ＋ □□□ ＝332

小原把小光的算式中最后一张 数字卡片 前的"＋"换成了"－"，小光和小原算式答案之间的差是 44－36＝8。答案相差8。

美美

（3）
① 小光　□ ＋ □ － □ － □ ＝11

② 小原　□ － □ － □ － □ ＝1

③ 绘里　□ ＋ □ － □ ＋ □ ＝15

皮格马博士小课堂

在 3（3）中，②和①的答案相差 10。思考下运算符号"＋"和"－"变换的后面一张卡片内应该填什么数字吧。

确定集合地点

小光和朋友们一边看地图，一边讨论集合地点。

集合规则

① 地图中 ○—○ 之间的距离相等。

② 步行时，每人穿过 ○—○ 所使用的时间相同。

③ 使用时间与步行相同时，骑自行车行驶的距离是步行的两倍（○—○—○）。

④ 同时出发，到达集合地点所使用的时间也必须相同。

⑤ 不能故意绕路。

1 他们在哪里集合比较好呢？请在相应的 ○ 内涂上红色。

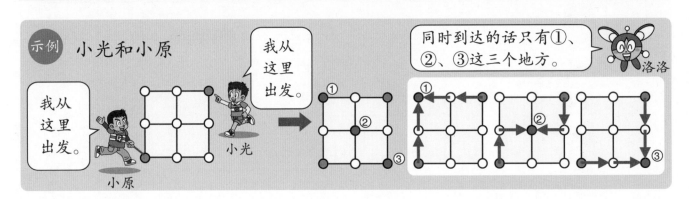

（1）绘里和彩香。 （2）正彦和康彦。 （3）千春、小原和拓海。

2 小淳要与大家集合，他骑自行车，其他人步行。他们在哪里集合比较好呢？请在相应的 ○ 内涂上红色。

（1）小淳和直树。

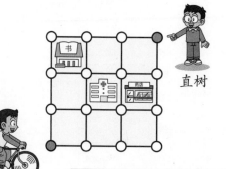

直树

小淳

皮格马博士

> 只有小淳骑自行车。大家注意 集合规则 的 ③。在（2）中，三个人的集合地点只有一处。

（2）小淳、朱莉和诗织。

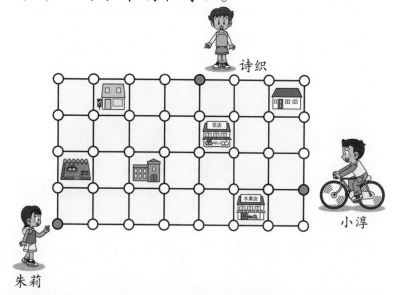

诗织

朱莉

小淳

3 绘里和彩香骑自行车、小原步行去集合点。他们在哪里集合比较好呢？请在相应的 ○ 内涂上红色。

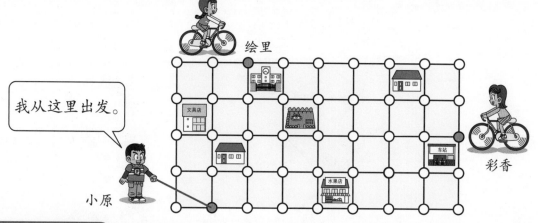

绘里

我从这里出发。

小原

彩香

皮格马博士小课堂

> 在 ② （2）中，我们最先找一找朱莉和诗织的集合点吧。在这些集合点中，小淳也能到达之处就是答案了。在 ③ 中，大家试着先找找绘里和彩香的集合点吧。

1

如下所示，两张画有图案的透明卡片在 ● 处相连。将卡片在 ● 处固定，转动上方的卡片与下方卡片重合。这时，与 🔥 重叠的是哪个或哪些 🍃 呢？请用 ◯ 圈出相应的 🍃。

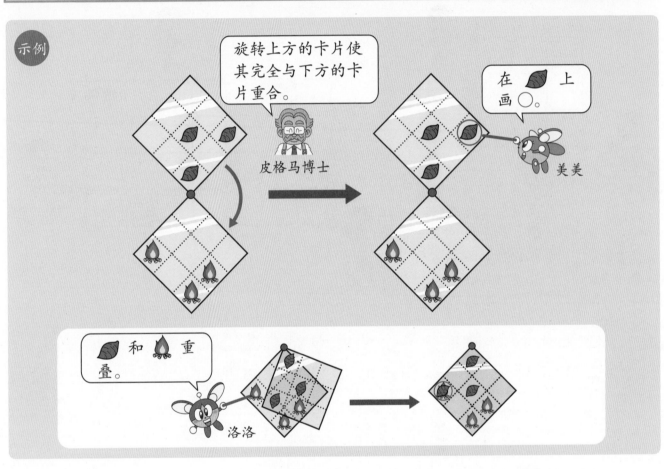

示例

旋转上方的卡片使其完全与下方的卡片重合。

皮格马博士

在 🍃 上画 ◯。

美美

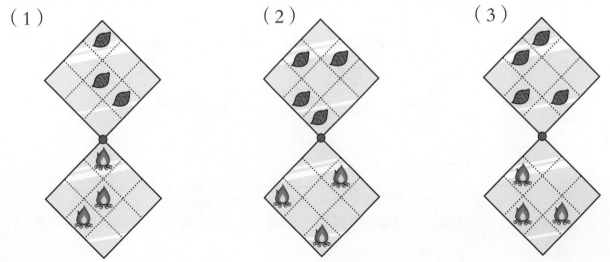

🍃 和 🔥 重叠。

洛洛

（1）

（2）

（3）

2 如下所示，两张画有表情图案的透明卡片在 ● 处相连。将卡片在 ● 处固定，转动上方的卡片与下方卡片重合，这时会出现一张新的面孔。

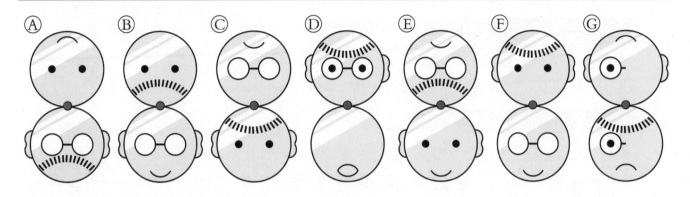

（1）转动以下卡片时会出现什么样的面孔呢？大家画一画吧。

示例 Ⓐ卡片

卡片重叠后，要把上方卡片的眼睛和嘴巴在下方卡片上画出来。

小光

① Ⓑ卡片　　　　② Ⓒ卡片

（2）两张卡片重叠后，有两组卡片会出现一模一样的面孔，是哪两组呢？请在〇 内写出相应的编号吧。

Ⓐ 和 〇 是同样的。

小原　绘里

还有一组是 〇 和 〇。

皮格马博士小课堂

在 ② （2）中，需要在下方的卡片中补画出缺失的部分。画出卡片后，就能发现哪些卡片的图案是一模一样的了。

小兔子机器人

博士做了三种类型的小兔子机器人。请阅读小兔子机器人的行动指南，回答问题。

小兔子机器人的行动指南

红色小兔子机器人 如图1所示，斜向跳一格。格子里有其他小兔子机器人时，越过其他小兔子机器人斜向跳一格。

蓝色小兔子机器人 如图2所示，可以上、下、左、右移动一格。格子里有其他小兔子机器人时，越过其他小兔子机器人上、下、左、右跳一格。

绿色小兔子机器人 移动方式与蓝色小兔子机器人一样。

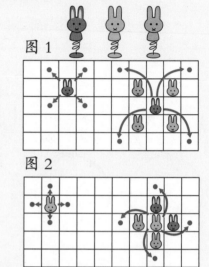

图1

图2

1 小兔子机器人从 Ⓐ 到 Ⓑ 只能移动三次。小兔子机器人应该如何移动呢？参照 示例，画出它们各自的移动路线（🐰 用 ➡ 和 •，🐰 用 ➡ 和 •）。

示例 🐰 移动了三次。

洛洛：🐰 只能上下左右移动。

第一次向右移一格，第二次越过 🐰，第三次越过 🐰。

绘里

（1）🐰 移动了三次。

（2）🐰 移动了三次。

2 已知小兔子机器人移动三次后所在的位置。每一次，只有一台小兔子机器人移动。将第一次和第二次移动后小兔子机器人所在的位置的 🐰 涂上相应的颜色。

（1）

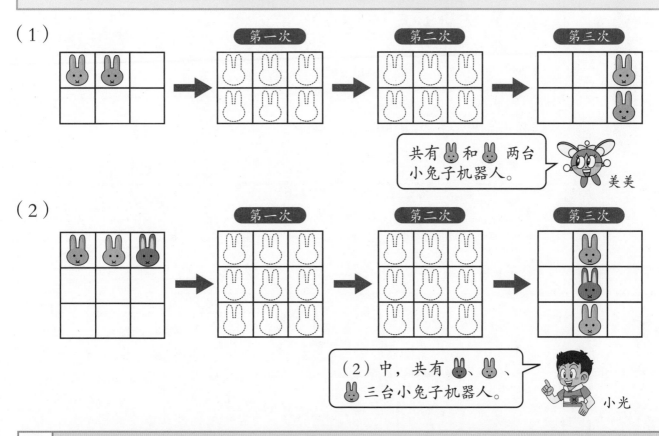

共有 🐰 和 🐰 两台小兔子机器人。

美美

（2）

（2）中，共有 🐰、🐰、🐰 三台小兔子机器人。

小光

3 小兔子机器人用最少的次数做如下移动。三台小兔子机器人一共移动了多少次？请在 ☐ 内填出相应的数字。

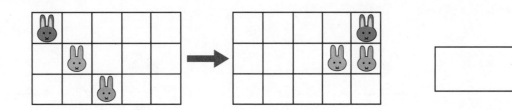

☐ 次

皮格马博士小课堂

注意小兔子机器人可以越过其他小兔子机器人移动。大家可以准备一些小弹珠，实际动手操作一下。

魔鬼鱼大冒险

请阅读 规则 ，用拥有 ①～⑧ 级能力的八条 🐟 来玩游戏吧。

1 用 ①、③、④、⑤ 能力等级的魔鬼鱼玩游戏。已知它们的排列方式，哪条魔鬼鱼会成为冠军呢？请在 □ 内填写出相应的数字，并给 🐟 涂上相应的颜色。

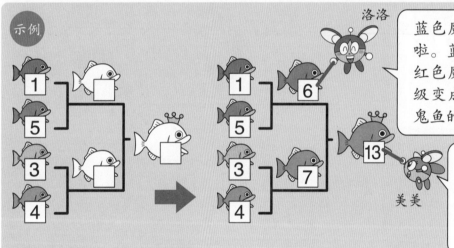

示例

蓝色魔鬼鱼和红色魔鬼鱼相遇啦。蓝色魔鬼鱼等级高，吃掉红色魔鬼鱼的能力后，能力等级变成了1+5=6。现在蓝色魔鬼鱼的能力等级是6啦。

冠军是绿色魔鬼鱼，它的能力等级变成了1+3+4+5=13，是四种魔鬼鱼的能力等级总和。

（1）

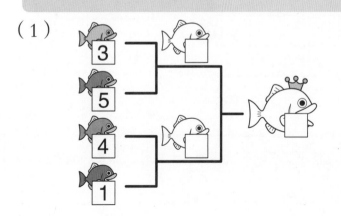

（2）

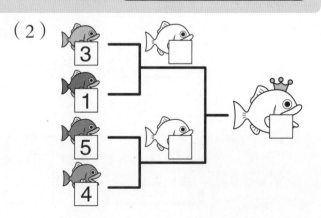

2 用 ①～⑧ 能力等级的魔鬼鱼玩游戏。已知魔鬼鱼的能力等级和颜色，请在 □ 内填写出相应的数字。

（1）

（2）

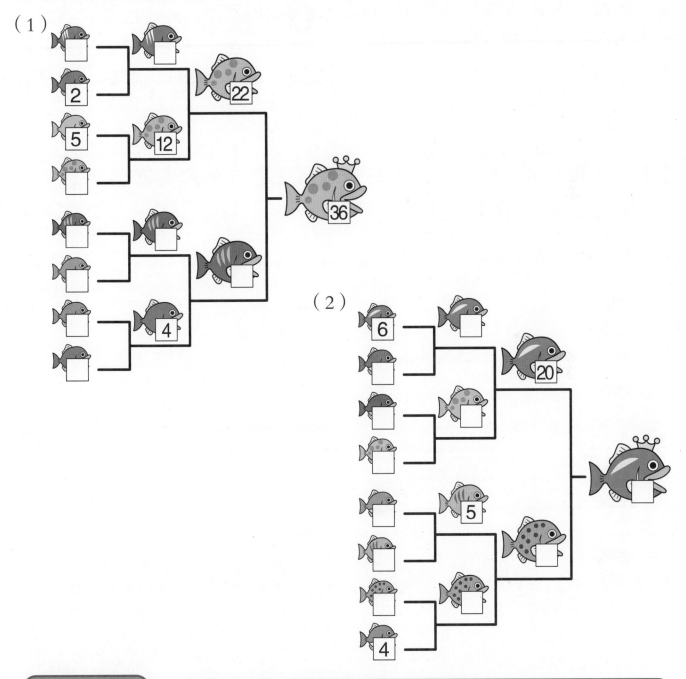

在 **2** 中，大家先观察冠军魔鬼鱼的能力等级是多少，再开始思考吧。另外，可以先写出数字 1 ～ 8，将已确定的魔鬼鱼能力等级数字标记出来，就知道剩下的魔鬼鱼的能力等级数字了。

购 物

从不同面值的货币中选择一张，去商店购买右边商品中的其中一种。根据条件请思考为了使找回的零钱总数和数量都最少应该用哪种面值的货币支付。

货币的面值

① 1元 ⑤ 5元 ⑩ 10元 ⑳ 20元 ㊿ 50元 ⑩ 100元

商品价格

Ⓐ 3元	Ⓑ 4元	Ⓒ 5元	Ⓓ 6元	Ⓔ 8元
Ⓕ 9元	Ⓖ 15元	Ⓗ 30元	Ⓘ 39元	Ⓙ 40元
Ⓚ 45元	Ⓛ 50元	Ⓜ 82元	Ⓝ 90元	Ⓞ 95元

1

已知持有的货币、购买的商品以及找回的零钱数量。请在 ⚪元 内写出相应的数字。

	持有货币	已购商品	找回零钱（数量）
小原	5元	Ⓐ	⚪元 ⚪元 （2个）
朱莉	10元	Ⓐ	⚪元 ⚪元 ⚪元 （3个）
康彦	50元	Ⓖ	⚪元 ⚪元 ⚪元 ⚪元 （4个）
千春	100元	Ⓜ	⚪元 ⚪元 ⚪元 ⚪元 ⚪元 （5个）

我用 ⑤元 买了3元的口香糖 Ⓐ。零钱是两个 ①元。

 小原

2 已知购买的商品和零钱的数量。请在 ⓣ 内写出相应的数字。

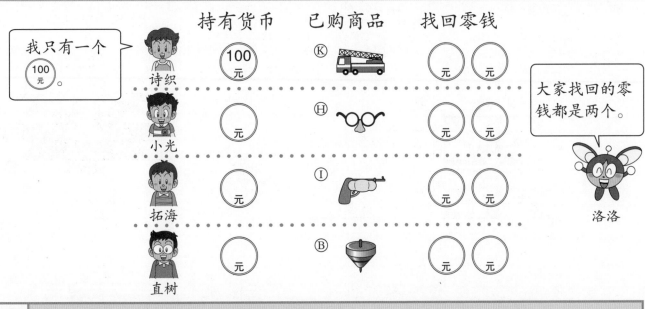

我只有一个 100元 。

持有货币　　已购商品　　找回零钱

诗织　100元　Ⓚ　元　元

小光　元　Ⓗ　元　元

拓海　元　Ⓘ　元　元

直树　元　Ⓑ　元　元

大家找回的零钱都是两个。

洛洛

3 已知持有的货币和零钱数量。请在 ☐ 内写出已购商品的编号，在 ⓣ 内写出相应的数字。注意四个人找回的零钱面值都不同。

已知四个人找回的零钱分别是50元、10元、5元、1元中的一种，并且四个人的零钱面值各不相同。四个人找回的零钱分别是多少？

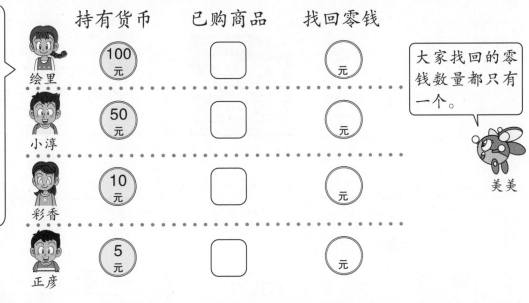

持有货币　　已购商品　　找回零钱

绘里　100元　☐　元

小淳　50元　☐　元

彩香　10元　☐　元

正彦　5元　☐　元

大家找回的零钱数量都只有一个。

美美

皮格马博士小课堂

大家要注意，在 **2** 中，可以先选择与购买商品价格接近的面值进行思考。

安保机器人

小光和小朋友们负责皮格马美术馆的安保工作。应该把博士发明的安保机器人（●）放在哪里比较好呢？大家想一想吧！

如下图所示，一台安保机器人所监视的范围是它所在位置（◉）以及以 ◉ 为中心的横向、纵向、斜向的格子（■）。

安保机器人

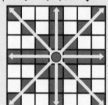

安保机器人发出的光线可以监视其横向、纵向、斜向的格子。

1 美术馆的一楼分为二十五个 □。安保机器人能否监视到所有的 □ 呢？

（1）如下所示，有两台安保机器人。请将安保机器人能监视到的范围的 □ 涂上红色。

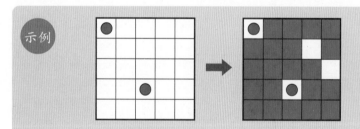

示例

两台安保机器人无法监视到的 □ 有两个。

小光

①

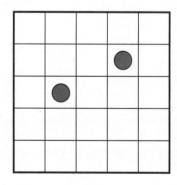

无法监视到的 □ 有四个。

绘里

②

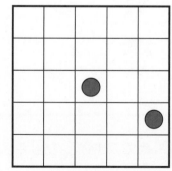

无法监视到的 □ 有三个。

小原

（2）安排五台安保机器人负责监视所有的 □。根据提示，思考剩下的安保机器人放在哪个位置比较好。请在相应的 □ 内画上 ●。注意要把它们安放在其他安保机器人的光束无法照到之处。

①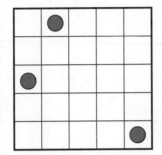

一共要放五台安保机器人，还有两台要放在已知三台机器人的光束无法照到之处。

彩香

②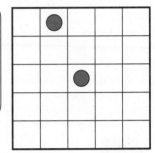

一共要放五台安保机器人，还有三台应该放在哪里呢？

直树

2 美术馆的二楼分为十六个 □。四台安保机器人负责监视所有的 □，请在相应的 □ 内画上 ●。注意要把它们安放在其他安保机器人的光束无法照到之处。

（1）

一共放了四台安保机器人。

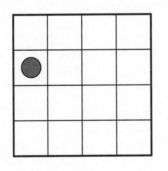

拓海

（2）

我放的位置和拓海的完全不一样。

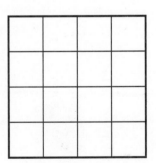

千春

皮格马博士小课堂

在 2 中，要注意把四台机器人放在不能被彼此光束照到之处。另外，在 1、2 中，请大家试着想一想如何用最少的机器人监视到所有的 □，并确定它们的位置。

万圣节

1 小朋友们把制作好的万圣节玩偶挂在天花板上，开始比较玩偶的身高，并按照由高到矮的顺序给它们标出了1、2、3、4。请在 ▭ 内写出相应的数字。

把玩偶放在地板上，更容易比较出哪个高哪个矮。

小光

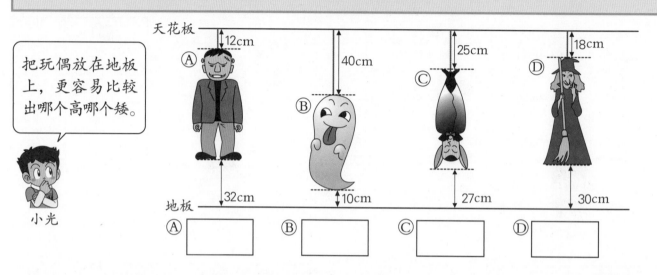

A ▭　　B ▭　　C ▭　　D ▭

2 如下所示，大家比较站在阶梯上的四个南瓜人偶的身高，并按照从高到矮的顺序给它们标出了1、2、3、4。请在 ▭ 内写出相应的数字。

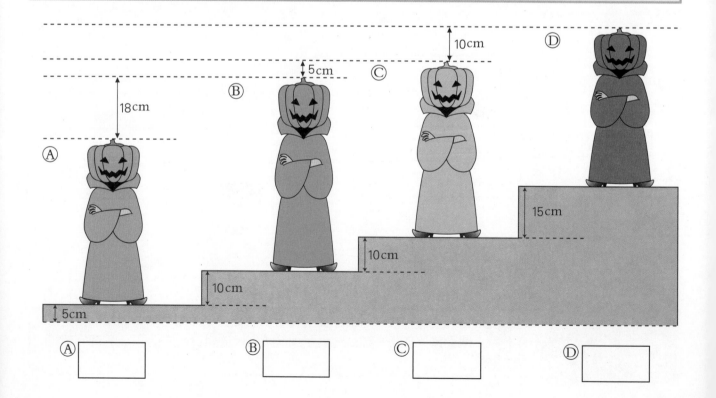

A ▭　　B ▭　　C ▭　　D ▭

3 如右图所示，比较站在阶梯上的四个南瓜人偶的身高，并回答以下问题。

（1）两个为一组进行比较。在 上涂上相应的颜色，并在 ☐ 内写出相应的数字。

示例 对比红色和蓝色。

15 cm

美美

蓝色南瓜人偶从阶梯上下来的话，就是这样的。

15 cm　20 cm

20 cm

🎃 比 🎃 高

5 cm

① 对比蓝色和黄色。

18 cm

20 cm

🎃 比 🎃 高

☐ cm

② 对比黄色和绿色。

24 cm

20 cm

🎃 比 🎃 高

☐ cm

（2）比较在（1）的 示例 中 🎃、🎃、🎃、🎃 四个人偶的身高，给 🎃 涂上相应的颜色。另外，在 ☐ 内写出相应的数字。

高 ←――――――――――→ 低

最高的南瓜人偶比最矮的南瓜人偶高 ☐ cm。

绘里

皮格马博士小课堂

对比长度（身高）时，先固定一端是对比的基本方法。大家想一想，玩偶都站在地板上会是什么样子呢？

芝麻开门

大家来到了万圣节的晚会现场——"不可思议的城堡"，想要进入城堡需要先打开城堡的"不可思议之门"。

开门方法

① 门上有九个按钮，按钮会发出橙色和紫色的光芒。

② 按下橙色的按钮，按钮会变成紫色。按下紫色按钮，按钮就会变成橙色。

③ 从 起点 开始，沿顺时针（→）方向依次按下按钮。每个按钮只能按一次。

④ 当所有按钮都变成橙色时，门才会打开。

1 从 起点 开始，按顺时针方向依次按下按钮。

（1）小光和小原按如下所示的次数按下了按钮，按钮会变成什么颜色呢？请在按钮上涂上相应的颜色。

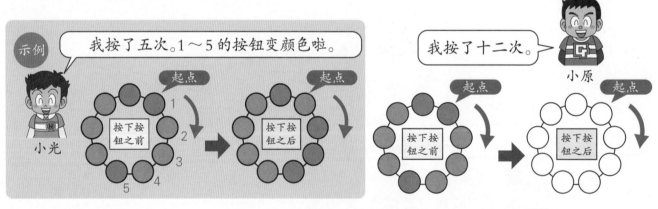

（2）绘里按了多少次，才能使所有按钮都变成橙色呢？请在 □ 内写出相应的数字。

从 起点 开始，按 □ 次按钮，门就开啦。

48

2 从 起点 开始，按顺时针（➡）方向，每隔一个按钮按一次。

（1）彩香和直树按如下所示的次数按下了按钮。按钮会变成什么颜色呢？请在按钮上涂上相应的颜色。

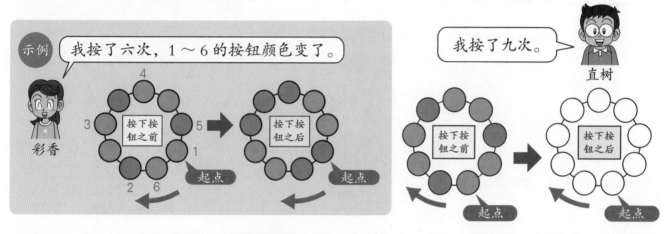

（2）千春和拓海从不同的 起点 开始按按钮。他们需要按多少次，门才会打开呢？两个人各按了多少次？请在 ◯ 内写出相应的编号，在 ▢ 内写出相应的数字。

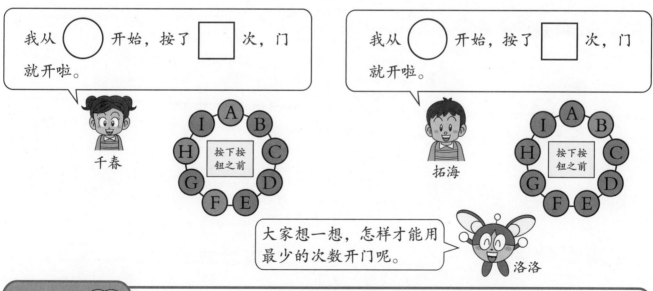

皮格马博士小课堂

在 ① 和 ② 中，建议大家参照 示例 在按钮旁边依次写出按下的顺序。在 ① 中，按十次以上就说明有的按钮会被按两次。当按第二次时，要注意按钮会变回最初的颜色。

滚皮球

小光和朋友们在玩"滚皮球"游戏。

游戏规则

① 将写有数字1、2、3、4、5、6的六个皮球依次从坡上滚下来。

② 斜坡上有三个洞，滚落过程中，皮球会依次落入最近的那个洞中。每个洞可承载的皮球数量有限，当洞里装满皮球时，其他皮球就可以滚过这个洞落入下一个洞里。

③ 洞中最上面的皮球对应的数字的总和就是那个人的得分。

1

已知小朋友们滚动皮球的顺序。请在掉入洞里的 ○ 内写出相应的数字。另外，在 ▭ 内写出他们的得分。

离小光最近的第一个洞只能装一个球；第二个洞装两个，第三个洞装三个。三个洞最上面的皮球分别是1、2、6，所以小光得分为1+2+6=9，即9。

洛洛

（1）

 彩香

③①④⑥②⑤

分

（2）

 绘里

②⑥④①⑤③

分

2 已知掉入洞里的皮球的数字。皮球是按什么样的顺序滚动的呢？请在 ◯ 内写出相应的数字。另外，在 ▢ 内写出小朋友们的得分。

（1）

（2）

3 四个人按相同的顺序滚动皮球。已知四个人的得分和掉入洞里的皮球的排列方式，请在 ◯ 内写出相应的数字。

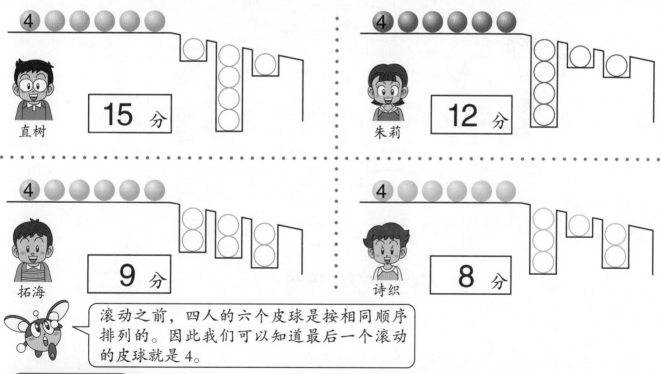

滚动之前，四人的六个皮球是按相同顺序排列的。因此我们可以知道最后一个滚动的皮球就是 4。

皮格马博士小课堂

大家注意，最后一个滚动的皮球一定会落在洞里的最上面。在 **3** 中，给 ④ 右边的五个皮球标上编号 A ～ E 吧。

秋 游

秋天到了，大家在自然公园秋游。在游玩前，大家制订了 **秋游路线规则**，每个人都要按照规则前进。

秋游路线规则

① 在路口处有红色（▲）、黄色（▲）、蓝色（▲）标志。

② ▲ 表示向右转。　　▲ 表示向左转。　　▲ 表示直行。

1 小光和小朋友们六个人的目的地分散在标有 Ⓐ～Ⓗ 的地方。

（1）小光的路线用蓝色箭头（➡）表示，绘里的路线用红色箭头（➡）表示，小原的路线用绿色箭头（➡）表示，请帮他们画出路线吧。

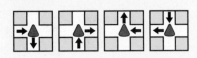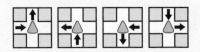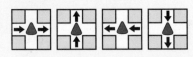

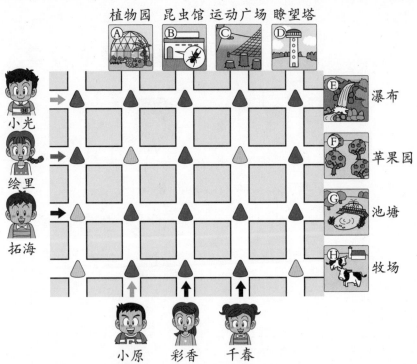

（2）去 Ⓑ 和 Ⓗ 的人分别是谁呢？请在 ▢ 内写出相应的名字。

去 Ⓑ 的是 ▢　　　　去 Ⓗ 的是 ▢

2 诗织和小朋友们共三个人从不同的地点出发。三个人要想到达各自想去的地方，就必须把他们都会经过的一个 △ 变成 ▲。需要改变哪个 △ 呢？请用 ○ 圈出来。

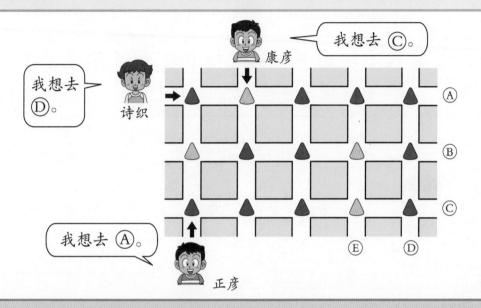

3 小淳和小朋友们三个人从不同的地点出发，目的地都是美食广场。请给 △ 涂上相应的颜色（▲、△、▲），使小朋友们能够到达美食广场。

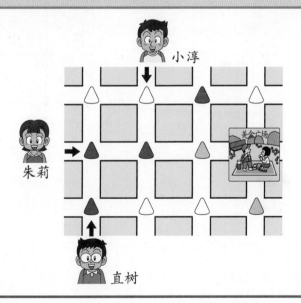

皮格马博士小课堂

向右转的意思是面朝前进方向向右边转弯。要想面朝前进方向，旋转书本会更容易理解。

折叠后重合的数字

折纸上画有表示横向、纵向、斜向的四条线，选择其中五个三角形（△），在里面分别写上数字 1～5。沿着 —— 折叠时，如有数字重合，重合数字的总和就是某个人的得分。

1 小朋友们沿着不同方向的 —— 折叠。大家各得了多少分呢？请在 ▭ 内写出相应的数字。

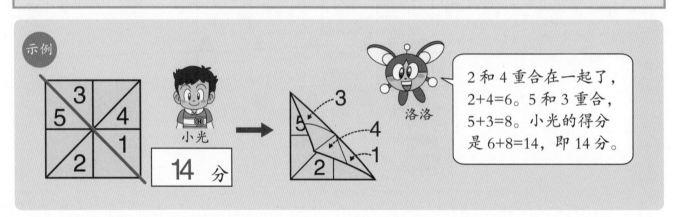

示例

小光

14 分

洛洛

2 和 4 重合在一起了，2+4=6。5 和 3 重合，5+3=8。小光的得分是 6+8=14，即 14 分。

（1）

绘里

▭ 分

（2）

小原

▭ 分

（3）

彩香

▭ 分

包括 示例，一共有四种折法。折法不同，得分也不同。

美美

2 如下所示，卡片上填有数字。请思考沿着哪条线折叠得分最高。请用 ——— 画出折线，并在 ☐ 内填写出相应的分数。

（1）

小淳

☐ 分

（2）

千春

☐ 分

（3）

直树

☐ 分

（4）
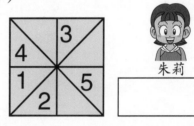

朱莉

☐ 分

3 数字2填在哪里，沿着哪条线折叠，才能得到10分？请在相应的 △ 中填入数字2，并用 ——— 画出折线。

要想出两种答案。

皮格马博士

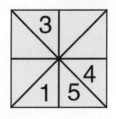

10 分

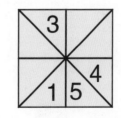

10 分

皮格马博士小课堂

沿对角线对折使正方形折叠后完全重合的折叠方法有四种。在 **2** 和 **3** 中，用四种方法折纸时，分别能得多少分？大家想一想！

快来快来，圣诞老爷爷

小光和小朋友们给圣诞老爷爷寄去了地图和信件。阅读信件，带圣诞老爷爷找到大家的家吧，用 ○ 圈出小光的家，用 ○ 圈出绘里的家，用 ○ 圈出小原的家。

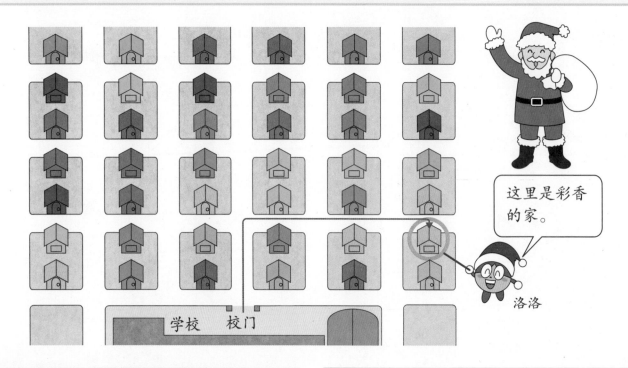

这里是彩香的家。

洛洛

学校　校门

示例

圣诞老爷爷：

　　出校门直走，在第一个十字路口向右转。然后直行，经过两个十字路口，右手边的 ⌂ 就是我的家。

彩香

（1）

圣诞老爷爷：

　　出校门后直走。在第一个十字路口向左转后直行。在第二个十字路口向右转，直行。然后在第一个十字路口向左转，直行。左手边的 ⌂ 就是我的家。

小光

（2）

圣诞老爷爷：

　　从我家  出来后向右走。在第二个十字路口向右转，直行。在第一个十字路口向左转，直行。接着在第一个十字路口向右转，直行，就到校门口了。

绘里

（3）

圣诞老爷爷：

　　从我家 出来后向右走。在第二个十字路口左转，直行。然后在第二个十字路口右转，直行。最后在第一个十字路口左转，直行，就到校门口了。

小原

皮格马博士小课堂

要仔细阅读信件，确认出发的地点在哪里，在第几个十字路口往哪边转，最后确认到达的地方是在左边还是右边。你能说一说如何从最近的地铁站或公交站回到自己家吗？试一试吧！

红鼻子驯鹿、蓝鼻子驯鹿

用九个相同大小的袋子装礼物，装入礼物后的袋子重量分别是1kg、2kg、3kg、4kg、5kg、6kg、7kg、8kg、9kg。现在将三个袋子为一组分别放在三台雪橇上，驯鹿鼻子的颜色会根据雪橇承载的袋子的总重量发生变化，请根据 规则 进行判断吧。

规则
袋子总重量小于18kg时，鼻子变成黑色。
袋子总重量等于18kg或19kg时，鼻子变成红色。
袋子总重量大于19kg时，鼻子变成蓝色。

1 如下所示，九个袋子按三个一组分别装在 Ⓐ、Ⓑ、Ⓒ 三台雪橇上。请在 ☐ 内填出袋子的总重量，在 🛍 内分别写出袋子的重量，并给驯鹿的鼻子涂上相应的颜色吧。

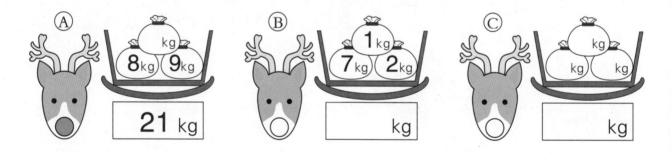

Ⓐ ☐kg 8kg 9kg 21 kg

Ⓑ 1kg 7kg 2kg kg

Ⓒ kg kg kg kg

洛洛

Ⓐ 的总重量是21kg，所以鼻子颜色是蓝色。用21-8-9，就知道另一个袋子的重量了。

2 如下所示，一共有九个袋子，怎样放置它们才能使每个雪橇上三个袋子的总重量都是15kg呢？请在 🛍 内分别写出袋子的重量。请注意，（1）、（2）题不能使用同一种方法。

（1）

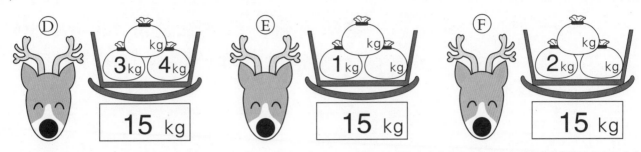

（2）

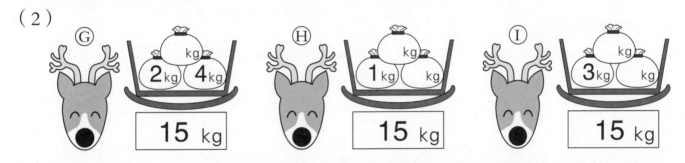

3 已知驯鹿鼻子的颜色，请思考应怎样放置袋子。请在 ▢ 内写出总重量，在 🎒 内分别写出袋子的重量。

（1）

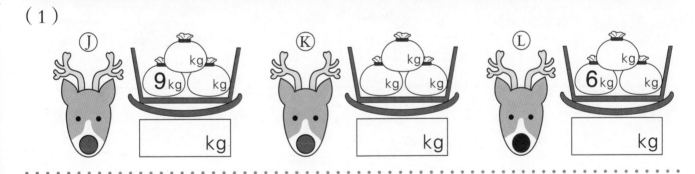

（2）

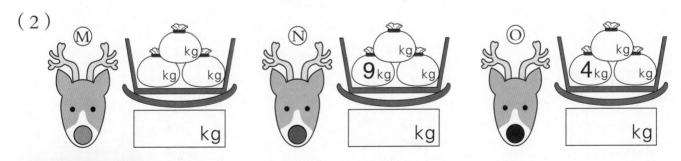

皮格马博士小课堂

我们可以确认九个袋子的总重量是 45kg。在 **3** 中，大家试着想一想三个袋子总重量为 18kg 或 19kg 的组合吧。

压岁钱

小朋友们过年得到了一些压岁钱，压岁红包有 100 元、200 元、500 元三种。根据大家的描述，猜一猜每个人得到了多少压岁钱呢？

1 三个人各自获得了多少压岁钱？请在 ☐ 内写出他们的压岁钱总额。

（1）

我得到了一个 200 元红包和一个 100 元红包。

小光

| 200 元 |
| 100 元 |

| 元 |

（2）

我得到了三个红包。

绘里

| 500 元 |
| 100 元 |
| 100 元 |

| 元 |

（3）

我得到了四个红包。

小原

| 500 元 |
| 200 元 |
| 100 元 |
| 100 元 |

| 元 |

2 三个人得到的红包数量不同，但总额都是 600 元。请在 ☐ 内填写相应的金额。

（1）

我得到了两个红包。

彩香

| 元 |
| 元 |

（2）

我得到了三个红包。

直树

| 元 |
| 元 |
| 元 |

（3）

我得到了四个红包。

朱莉

| 元 |
| 元 |
| 元 |
| 元 |

3 五个人分别得到了三个红包，但他们的压岁钱总数都不相同。另外，没有人得到三个相同金额的红包。根据大家的描述，请在 ☐ 内写出单个红包的金额，在 ☐ 内写出相应的总金额。

我的压岁钱总额比小淳的多，比诗织的少。

康彦

元
元
元
元

我的压岁钱总额比千春的多。

拓海

元
元
元
元

我的压岁钱总共不到1000元。

诗织

元
元
元
元

我的压岁钱最少。

千春

元
元
元
元

我的压岁钱比拓海的多。

小淳

元
元
元
元

皮格马博士小课堂

在 **3** 中，对比五个人压岁钱总额多少时，请优先思考需要按照什么样的顺序进行对比。"没有人得到三个相同金额的红包"的意思就是"三个红包都是不同的金额"或者"三个红包里最多有两个是相同的金额"。

环游世界

小朋友们在玩"环游世界"游戏。掷骰子，从起点开始按照掷出的点数前进。

停在红色数字位置时，须按照 特殊规则 前进。

特殊规则

刚好停在 ② 时，直接前进至 ⑦。

刚好停在 ⑥ 时，退回至 ③。

刚好停在 ⑩ 时，直接前进至 ⑯。

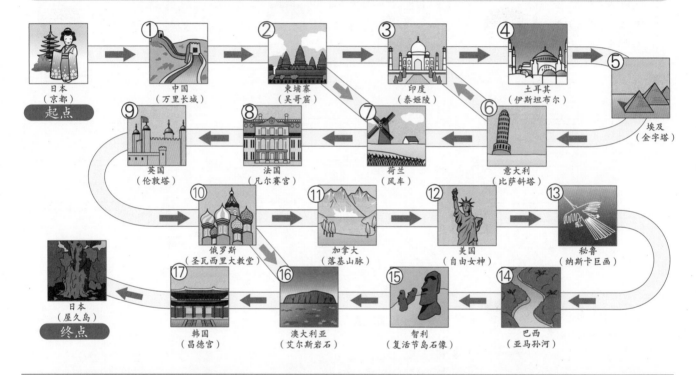

1 表格上是大家三次掷骰子的结果。请在表格中的 ○ 内写出相应的号码。

第一次就掷出 ⚁ 的话，根据 特殊规则 ，可以前进至 ⑦ 。

美美

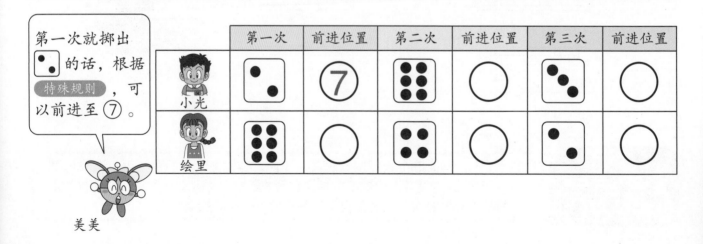

		第一次	前进位置	第二次	前进位置	第三次	前进位置
小光		⚁	⑦	⚅	○	⚂	○
绘里		⚅	○	⚃	○	⚁	○

2 两个人都在第二次时走到了位置 ⑪，但他们掷出的骰子点数不同。他们分别掷出了多少呢？请在 ☐ 内写出相应的骰子点数。

拓海	第一次	第二次

千春	第一次	第二次

骰子上的圆点用数字代替。

皮格马博士

3 从 起点 开始，掷三次骰子刚好走到 终点，但五个人掷出的骰子点数均不相同。请在 ☐ 内写出相应的骰子点数。

小原	第一次	第二次	第三次
	⚃		

彩香	第一次	第二次	第三次
	⚄		

正彦	第一次	第二次	第三次

诗织	第一次	第二次	第三次

朱莉	第一次	第二次	第三次

一共要想出五种方式。

洛洛

皮格马
博士
小课堂

在 3 中，不使用特殊规则，是无法只掷三次骰子就能走到终点的。所以大家要想想掷第二次时，怎么才能走到位置 ⑩ ，一共有三种方式。

越野滑雪

小光和小朋友们一起去越野滑雪，按照 规则 ，他们制订了各自的滑雪路线。

规 则
① 红旗（🚩）为起点，蓝旗（🚩）为检查站。
② 从起点出发，沿途要经过所有检查站，再回到起点。注意同一个检查站不能重复通过。

1 请在 ▢ 内写出小光和绘里经过的路线长度。另外，根据两人的描述，用 ── 画出小原和彩香的路线，并在 ▢ 内写出路线的长度。

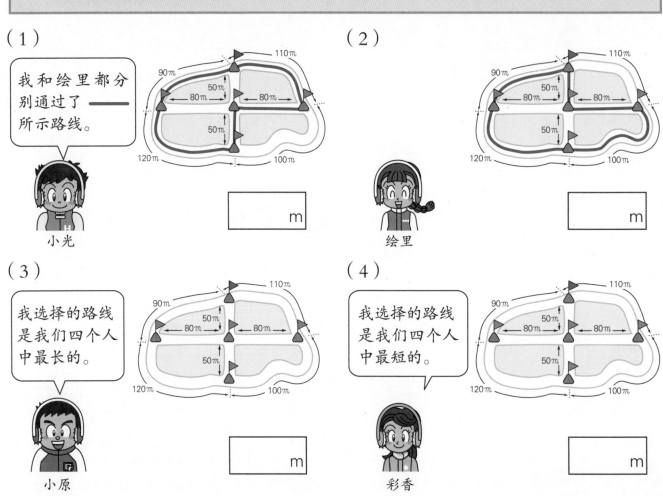

2 路线如右图所示，Ⓐ、Ⓑ、Ⓒ 三条路线中，Ⓐ 最长，其次是 Ⓑ，最短是 Ⓒ。根据大家的描述，用 ▬▬ 画出他们各自的路线吧。

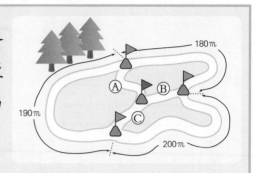

（1）

诗织

我选择的路线最短。

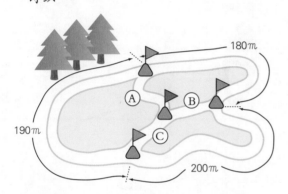

（2）

拓海

我选择的路线最长。

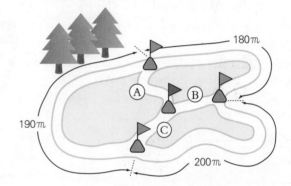

（3）

小淳

我选择的路线比诗织的长，比拓海的短。

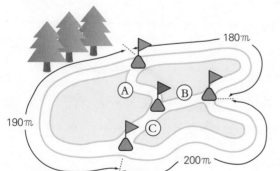

皮格马博士小课堂

符合规则的路线，在 **1** 中有四种，在 **2** 中只有三种，请大家仔细确认。思考路线长度时，重点要放在不能通过的路线的长度上。

马拉松比赛

今天有马拉松比赛，每个人都拿到了一个计时器。计时器上液晶（─）发出的红光表示分和秒。

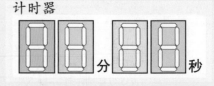

数字表示方式

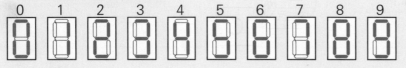

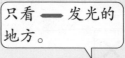

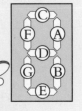

请注意大家的计时器，表示秒 的位置 Ⓐ～Ⓖ 中有坏掉的地方，有的地方一直亮着（━），有的地方一直不亮（─）。请思考大家的计时器中哪个地方坏掉了。

1 已知坏掉不亮的 ─ 有一处，请用红色涂出 1 秒后、2 秒后会发光的 ─ 吧。

绘里的计时器中，位置 Ⓕ 不亮了。

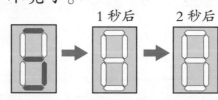

2 小原的计时器中，有一个地方的 ━ 一直都亮着。根据 1 秒后、2 秒后的数字，请给 3 秒后会发光的 ─ 涂上红色，并在 ○ 中写出相应的位置标号。

小原的计时器中，位置 ◯ 一直亮着。

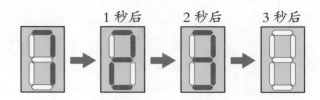

3 彩香的计时器中，有一个地方的 ▬ 一直亮着，有一个地方的 ▭ 坏掉了。根据 1 秒后、2 秒后的数字，思考出 3 秒后是什么数字，并将相应的 ▭ 涂成红色，在 ◯ 内写出相应位置的标号。

彩香的计时器中，◯ 坏掉了，◯ 一直亮着。

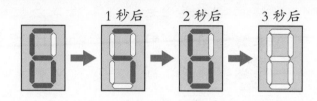
1 秒后　2 秒后　3 秒后

4 以 **1**、**2**、**3** 可以知道四个人的计时器坏掉的地方。四个人跑到终点时，都记下了自己的时间。根据计时器和大家的排名，在 ▢ 中填出正确的时间。

大家的计时器　　　正确时间

我是第一名。四个人用时都超过了 12 分 30 秒。
小原

第一名 分 秒 ➡ 12 分 3 ▢ 秒

我的计时器，位置 Ⓐ 一直都不亮。
小光

第二名 分 秒 ➡ 12 分 3 ▢ 秒

我的计时器，有一个地方一直不亮，有一个地方一直都亮着。
彩香

第三名 分 秒 ➡ 12 分 3 ▢ 秒

我的计时器，位置 Ⓕ 一直不亮。
绘里

第四名 分 秒 ➡ 12 分 3 ▢ 秒

皮格马博士小课堂

在 **4** 中，彩香的计时器出现的情况有三种，其他三个人各有两种。按照排名，试着去找出他们各自正确的时间吧。

丛林探险

在皮格马乐园的"丛林探险"中，大家坐船从 起点 （⭐）开始沿着河流抵达 终点 （⭐）。小船按 ➡ 方向前进。请注意 ○ 不能重复通过。

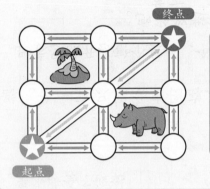

路线所需时间

↕ 蓝色河流＝3分钟

↔ 绿色河流＝4分钟

⤢ 黄色河流＝5分钟

1

如图1所示，河水按 ➡ 方向流动。请在 ☐ 内写出绘里和小光从 起点 到 终点 所用的时间。

图1

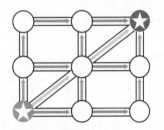

大家注意水流的方向。

小原

示例

我用了12分钟。

洛洛

拓海沿着绿色→蓝色→黄色的方向前进：绿色用了4分钟，蓝色用了3分钟，黄色用了5分钟。4+3+5=12，他一共用了12分钟。

拓海

（1）

我用时最少。

绘里

☐ 分

（2）

我用时最长。

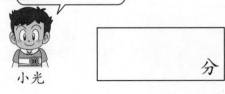

小光

☐ 分

2 如图 2 所示，河水按 ——→ 方向流动。小原和彩香是按怎样的路线前进的呢？用红笔标出他们前进的路线吧。

图 2

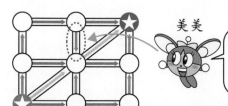

美美

只有这段的水流与图 1 的水流方向相反。

（1）

我从起点到终点用了 18 分钟。

小原

（2）

我是按照用时最长的路线前进的。

彩香

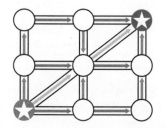

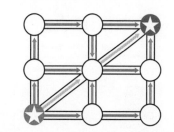

3 与 **2** 中相似，这里也有一段河水的水流方向与 **1** 中水流方向相反。已知从 起点 到 终点 一共用时 22 分钟，请用红色标出前进的路线吧。另外，用 ⭕ 圈出方向与之前相反的水流吧。

哪段水流的流向与图 1 相反呢？大家想一想，用红色标出前进的路线，注意有两种答案。

皮格马博士

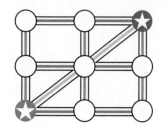

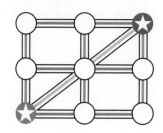

皮格马博士小课堂

问题 **3** 可以在 **2** 的答案的基础上进一步思考。首先标出在水流方向不一样的情况下也到达了终点的路线吧。

重盒子、轻盒子

小光买来各种颜色的盒子（▱）和巧克力球，并且在一个盒子里放了4颗巧克力球，在另一个盒子里放了6颗巧克力球，在剩下的四个盒子里各放了5颗巧克力球。每个空盒子重量相同，每颗巧克力球的重量相同。

1 如右图所示，六个不同颜色的盒子里都装有巧克力球。根据天平的倾斜方向，给▱涂上相应的颜色。

（1）天平两边各放两个盒子。

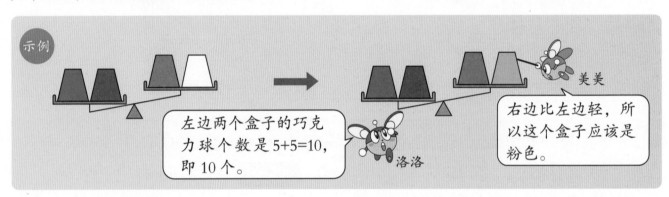

①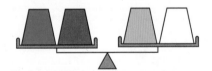

②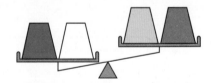

（2）天平两边各放三个盒子。

①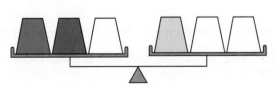

②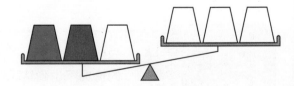

2 不知道盒子的颜色以及放入巧克力球的数量。根据天平的倾斜，请找到放入 4 颗巧克力球以及 6 颗巧克力球的盒子，并将 涂上相应的颜色。

（1）

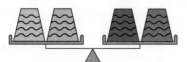  

放入 4 颗的是

放入 6 颗的是

（2）

放入 4 颗的是

放入 6 颗的是

（3）

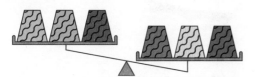  

放入 4 颗的是

放入 6 颗的是

 注意，在（1）～（3）中，放入 4 颗巧克力球的盒子和 6 颗巧克力球的盒子颜色不同。

 皮格马博士小课堂

在 **1**（1）的①中，放 4 颗巧克力球的盒子和放 6 颗巧克力球的盒子的总重量，与两个放入 5 颗巧克力球的盒子的总重量相同。用数字标示出已知放入明确颗数的巧克力的盒子会更清楚明了。

数学脑

1～3 年级②

参考答案

SAPIX
サピックス
SAPIX YOZEMI GROUP

完成情况记录页

※请家长利用标记栏，把孩子做错或不太擅长的题目序号记录下来，便于了解孩子的学习进度及知识掌握情况。

73

难度 ☆☆　小兔子，跳一跳　　观察推断

答案

1 （1）①　小光
　　　　②　绘里
　　（2）①　彩香
　　　　②　直树

2 （1）拓海
　　（2）朱莉

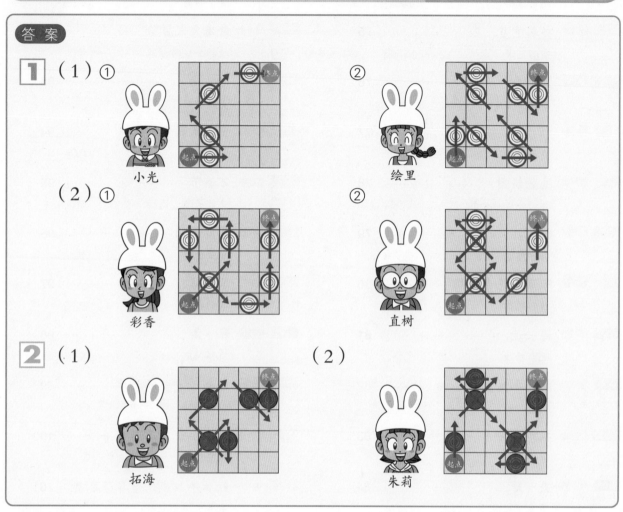

讲解 游戏要求从起点跳到终点，边越过树桩边前进。注意需要越过所有的树桩。

1 （1）已知"每个树桩都越过一次"，而问题①、问题②的起点旁边都有两个树桩。先选择哪个树桩比较好呢？都试试看吧，很快就会找到答案了。
　　（2）已知有的树桩要越过两次，而游戏规则要求"▨ 不能重复通过"，所以要想越过同一个树桩两次，只能斜着跳。

2 不考虑树桩的位置，从起点到终点，小兔子所停留的位置在如右图的几个 ○ 之中。再结合题目要求，可知：
　　（1）红色树桩有一个。
　　（2）红色树桩有两个。

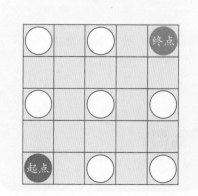

难度 ★★★　　水果卡片　　　　空间思考

答 案

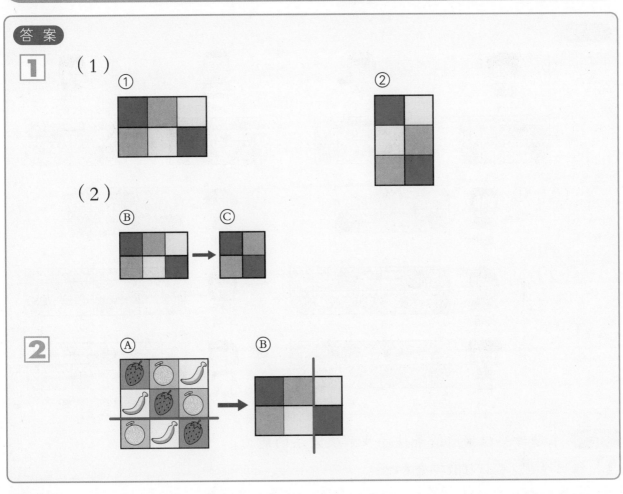

1　（1）
　　① 　②

　（2）
　　Ⓑ → Ⓒ

2　Ⓐ → Ⓑ

讲 解　本题通过折叠卡片考察空间思维能力。大家可以准备卡片实际操作。

1　（1）问题①沿着横线折叠，问题②沿着竖线折叠。
　（2）如图1所示，第一次折叠后消失的水果，在第二次折叠后又出现了，大家要注意这一点。

2　折叠顺序与 **1**（2）相同，第一次以横线为折线，第二次以竖线为折线。请注意第二次折叠后出现的绿色位置。
　第一次折叠时，分别沿上下两条横线折叠后的绿色的位置如图2、图3所示。Ⓒ中绿色的位置是在下方两格，由此可见，第一次是沿下方的横线折叠的。

图1　黄色下方是绿色
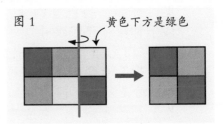

图2　黄色下方是绿色
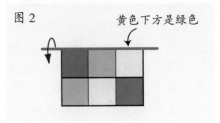

图3
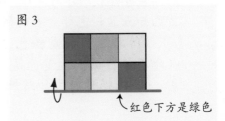
　红色下方是绿色

| 难度 ☆☆ | 郁金香 | 多角度思考 |

答案

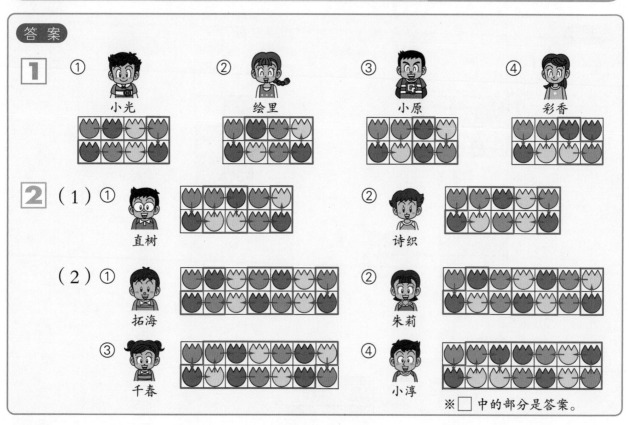

① ① 小光 ② 绘里 ③ 小原 ④ 彩香

② （1）① 直树 ② 诗织

（2）① 拓海 ② 朱莉 ③ 千春 ④ 小淳

※ □ 中的部分是答案。

讲解 本题考察根据所给条件寻找解决方法的能力。

① 根据规则，尝试摆放郁金香吧。

② （1）把郁金香按照"粉色→红色→黄色"的顺序放入十个格子里，可知，粉色有四盆，红色、黄色各有三盆。如图1所示，格子都被标记了编号。

图1

①已知 Ⓐ 下方的 Ⓕ 是红色。因此 Ⓕ 的位置要么是第二盆，要么是第十盆。按照"粉色→红色→黄色"的摆放要求，第十盆应该是粉色，因此可知 Ⓕ 是第二盆（红色）。运用同样的思考方式，可知 Ⓖ 应该是黄色；Ⓑ 和 Ⓗ 的其中一个应该是第四盆（粉色），符合要求的只能是 Ⓑ 是粉色；之后的顺序依次是 Ⓒ→Ⓗ→Ⓘ→Ⓙ→Ⓔ→Ⓓ。

② 按照规则，黄色郁金香的出场排名是第三、第六、第九。Ⓓ 或 Ⓘ 不可能作为第三盆出现在格子里，所以把 Ⓓ 或 Ⓘ 当作第六盆去思考吧。

（2）按照（1）的思考方式找出答案吧。十四个格子里依次放入"粉色→红色→黄色"的郁金香，表示粉色和红色应该各有五盆，黄色有四盆。如图2所示，格子都被标记了编号。

①根据黄色所在位置是 Ⓒ、Ⓕ、Ⓙ、Ⓜ 这四个格子，可知郁金香摆放顺序与字母顺序一致。

②已知五盆粉色郁金香的位置，如果把第二盆放到 Ⓑ，那 Ⓒ、Ⓙ 就不可能是粉色，所以第一盆红色的位置是 Ⓗ。以此类推，第一盆黄色是 Ⓘ，第二盆粉色是 Ⓙ。

③、④ 根据目前已知结果，运用同样的思考方式填出相应的摆放方式吧。

图2

难度 ☆☆　　彩　带　　　　　　　　空间思考

答案

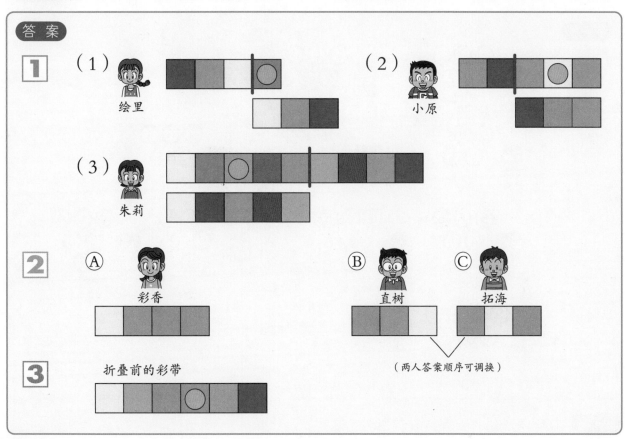

1 （1）绘里

（2）小原

（3）朱莉

2 Ⓐ 彩香

Ⓑ 直树　　Ⓒ 拓海

（两人答案顺序可调换）

3 折叠前的彩带

讲 解　本题以折纸为题材，锻炼空间思维能力。

1 注意确认折纸方式：用图钉固定的折纸，位置固定不能移动，为了不让图钉露出来，只能折叠一次内。

2 已知图钉的位置，请思考以哪里为折线就能把图钉隐藏起来呢？如图1所示，有三种可能。

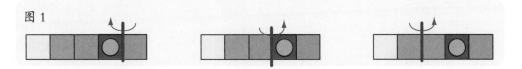

图1

3 隐藏图钉的折叠方式有三种，其中，折叠后能看见三种颜色的只有一种。从图2得知，图钉左侧颜色的排列方式。能看见四种颜色的折叠方法如图3所示。

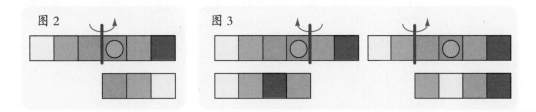

图2　　　　　图3

难度 ★★★ 　　填数拼图　　　　数的合成与分解

答案

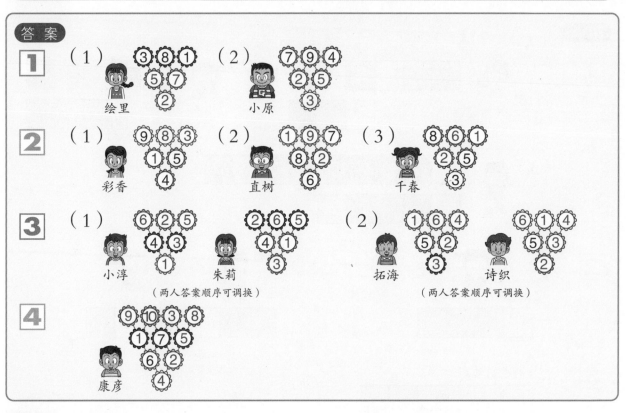

1 （1）绘里 （2）小原

2 （1）彩香 （2）直树 （3）千春

3 （1）小淳　朱莉（两人答案顺序可调换）　（2）拓海　诗织（两人答案顺序可调换）

4 康彦

讲解 本题考察数的合成与分解能力。

1 根据规则，填入数字。

2 请注意题目要求，使用数字1～9。一旦看漏条件，答案会有好几种。
（1）首先从最低一层的数字开始思考。与4一起组合，5做减数或被减数，另一个数字是1或9。如果是9，那么最上层最中间的数字是0或18，都不符合条件。根据同样的思考方式，和9相差1的数字是8或者10，8符合条件；和8相差5的数字是3或者13，3符合条件。请用同样的方法思考（2）、（3）题吧。

3 依次填入数字1～6，注意不能使用相同的数字。如图1所示，在〇内标出字母。两个数字之差不可能是6，所以6只能填入Ⓐ、Ⓑ、Ⓒ中的一个。
（1）Ⓓ是4，所以（Ⓐ，Ⓑ）有（6，2）、（2，6）、（5，1）、（1，5）四种可能。（Ⓐ，Ⓑ）是（5，1）、（1，5）时，Ⓒ就是6。
（Ⓐ，Ⓑ，Ⓒ）是（5，1，6）时，Ⓔ就是5；是（1，5，6）时，Ⓔ就是1。无论哪种都重复使用了数字，不符合条件。
（2）Ⓓ是5时，（Ⓐ，Ⓑ）有（6，1）、（1，6）两种可能。运用与（1）同样的思考方式，即可得到答案。

图1
Ⓐ Ⓑ Ⓒ
　Ⓓ Ⓔ
　　Ⓕ

4 在 3 的基础上思考解答方法。如图2所示，在〇内标出字母。根据Ⓗ是6、Ⓕ是7，可知Ⓔ是1。因为Ⓕ是7，所以（Ⓑ，Ⓒ）有（10，3）、（9，2）、（3，10）、（2，9）四种可能，请分别尝试，找出答案吧。另外，差是7的组合还有（1，8）和（8，1），但Ⓔ是1，不符合每个数字只能使用一次的条件。除了参考答案外，还有图3所示的填入方法（不包含左右翻转的情况）。

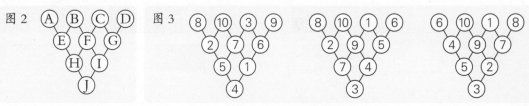

图2
Ⓐ Ⓑ Ⓒ Ⓓ
　Ⓔ Ⓕ Ⓖ
　　Ⓗ Ⓘ
　　　Ⓙ

翻卡片

条件整理

答案

1 （1） D

（2）

（3）

讲解 本题考察根据已知信息推理卡片排列方式的能力。

1 （1）两种类型的水果卡片，每种卡片各两张混合排列。整理条件后，结果如图1所示。因此，四张卡片的排列方式如图2所示。

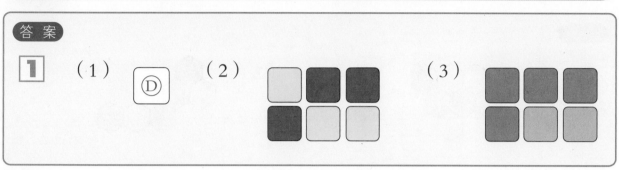

（2）两种类型的水果卡片，每种卡片各三张混合排列。根据条件所得结果如图3所示。因此，六张卡片的排列方式如图4所示。

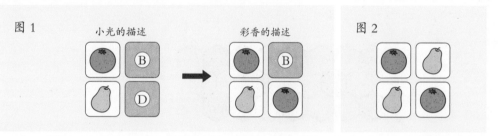

（3）三种类型的水果卡片，每种卡片各两张混合排列。根据条件所得结果如表1所示。因此，六张卡片排列方式如图5所示。

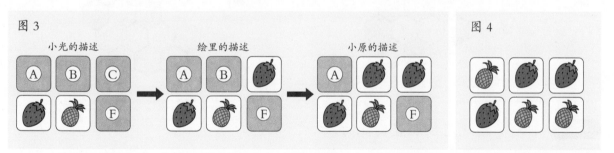

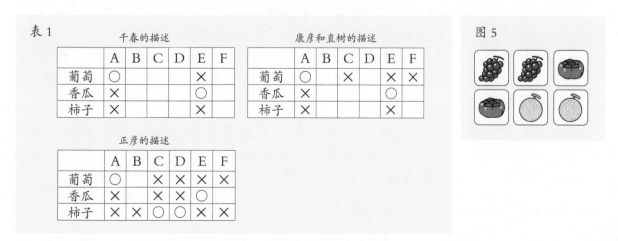

难度 ☆　　布置文艺会会场　　　　图形规律

答案

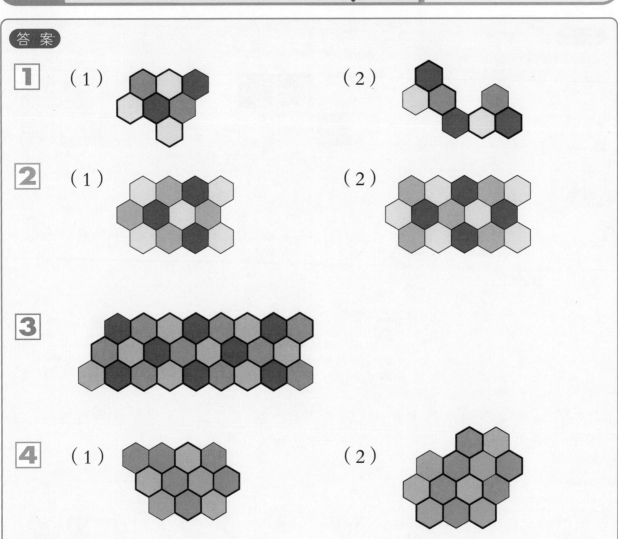

讲解　本题考察规则性配置的能力。

1 相邻卡片中，从已知的两种颜色的卡片开始思考。

2 首先，用A、B、C代替颜色辅助答题，根据已知要求做好标记。然后，确认三种标记的卡片数量是否对应题目中的已知信息，最后涂上与标记对应的颜色。

（1）上、中、下三层如果持续往右增加卡片数量的话，可知：

上层是黄色→黄绿色→红色→黄色→黄绿色→红色→……（按规律重复）；

中层是黄绿色→红色→黄色→黄绿色→红色→黄色→……（按规律重复）；

下层与上层相同。

3 需要知道相邻卡片中两种卡片的颜色后再按顺序涂下去吧。上层是红色→蓝色→黄绿色→……（按规律重复）；中层是蓝色→黄绿色→红色→……（按规律重复）；下层是黄绿色→红色→蓝色→……（按规律重复）。

4 从相邻卡片开始，涂上颜色吧。

难度 ★★★

连一连

观察推断

答案

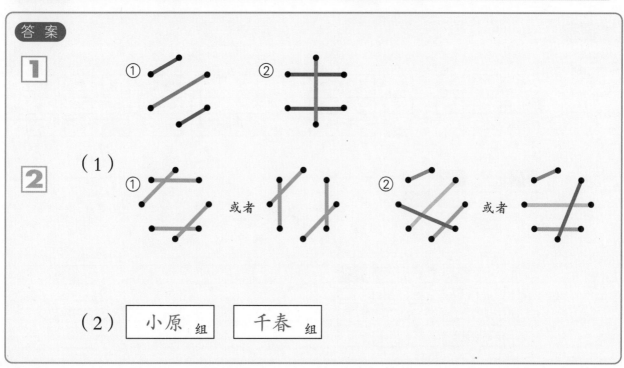

1

② ①

2 （1）

① 或者 ② 或者

（2） 小原 组 千春 组

讲解 这是一道思考图形组合的问题。请注意，同种彩带无论朝向和位置发生什么变化，其长度始终不变。

1 假设六个人分别站在正六边形的各顶点处，请思考三种类型的彩带组合方式。首先从绿色彩带的位置开始思考，①和②放置绿色彩带的方法只有一种。

2 连接正八边形的各个顶点，注意在本题中，彩带有四种类型。
（1）②水蓝色彩带的位置有两种。
（2）试着自己动手画一下吧。小光组和绘里组的情况如下图所示。

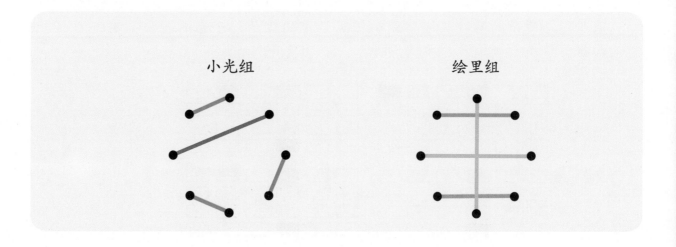

小光组   绘里组

<table>
</table>

难度 ★★　　跳跳邮递员　　　　观察推断

答案

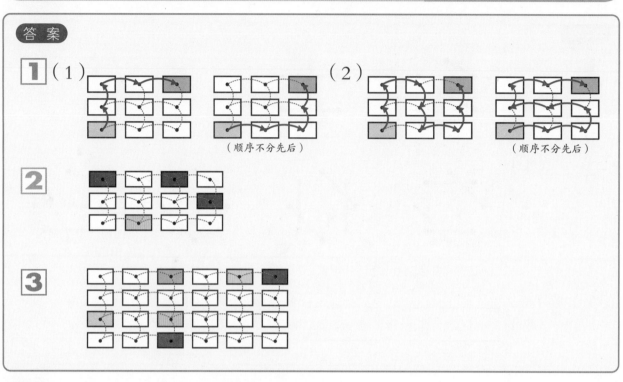

1 （1）（顺序不分先后）　　（2）（顺序不分先后）

2

3

讲解　这是一道思考前进路线的问题。

1 根据投递路线提示，找到符合条件的路线吧。
（1）只转了一次，意味着跳跳邮递员的路线为前进两次→转向→前进两次。
（2）跳八次，意味着要经过每张桌子。

2 转一次跳三次，意味着跳跳邮递员的路线为两次直行→转向→一次直行，或者一次直行→转向→两次直行。

3 根据两人投递路线的提示，寻找符合两个条件的座位吧。根据小原的提示，拓海的座位有如图 1 所示的两种可能。按照提示从小光的座位到拓海的座位的路线有如图 2 所示的两种投递路线。根据绘里的提示，千春的座位只有一种可能，而投递路线有如图 3 所示的两种。

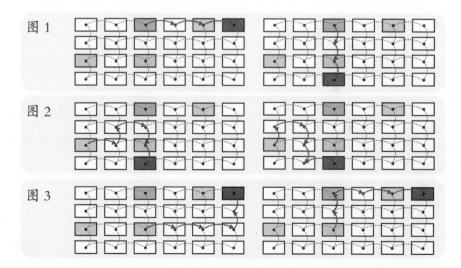

图 1

图 2

图 3

难度 ☆

找到那个人

条件整理

答案

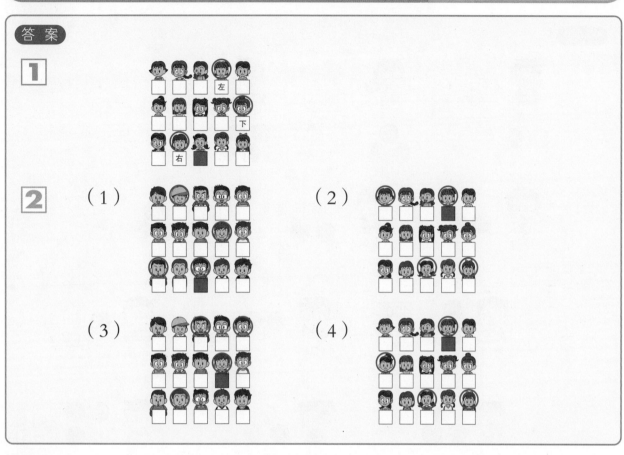

1

2 （1） （2）

（3） （4）

讲 解 这是一道整理条件，缩小范围确定目标的题。思考有几个孩子有提示卡。

1 各张提示卡所示范围如图1所示：右 所示范围里有九个小朋友，左 所示范围里有九个小朋友，下 所示范围里有五个小朋友。根据这些条件去确认下吧。

图1

2 已知四个人中只有一个人是"那个人"，用假设"其中一个人是那个人"，然后一个一个去验证是不错的方法。

（1）已知存在提示卡 下，说明最上面一排的人中没有"那个人"。同样，最右边和最左边的人都不是"那个人"。所以，提示卡的位置如图2所示。

图2

（2）用与（1）同样的方式思考，得出提示卡位置如图3所示。

（3）用与（1）同样的方式思考，得出提示卡位置如图4所示。

图3   图4

（4）左、右两列和下边的人都不是"那个人"。提示卡位置如图5所示，有两种。

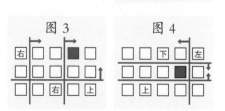

图5

难度
★★

夹　球

多角度思考

答 案

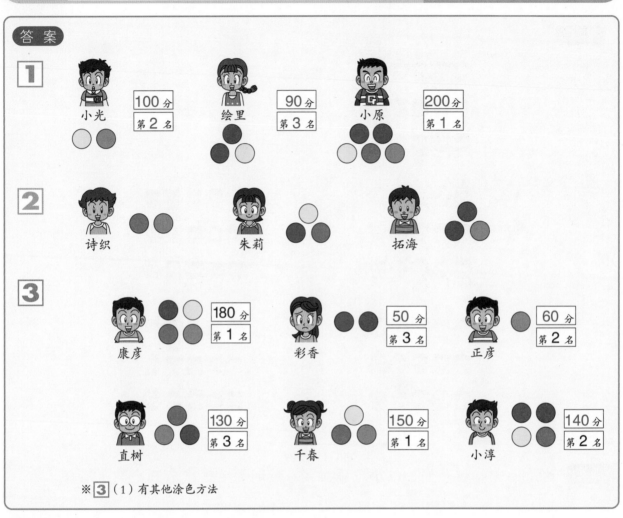

※ ③（1）有其他涂色方法

讲 解 本题考察数字组合及多角度思考的能力。

1 小光：40+60=100，100 分。
绘里：20+30+40=90，90 分。
小原：20+30+40+50+60=200，200 分。满分。

2 思考总分为 110 分的彩球组合方式。注意，每种球只有一种分数。
两个球总分为 110 分，情况只有 60+50。
三个球总分为 110 分，情况包括 20+30+60、20+40+50 两种。

3 （1）康彦得分为 180，换个思路，200−180=20，也就是说他没有抓住 20 分的红球。两个球总分最低的是 20+30=50，即 50 分，比一个橙色球还低。
（2）千春和小淳分别是三个球得了最高分、四个球得了第二名，三个球组合最高的分数是 60+50+40=150，即 150 分。四个球组合的分数中，只有 200−60=140，即 140 分，符合条件。
直树得分应低于 140 分。只有 60+50+20=130 符合条件。

难度 ★　钩水球　　条件整理

答案

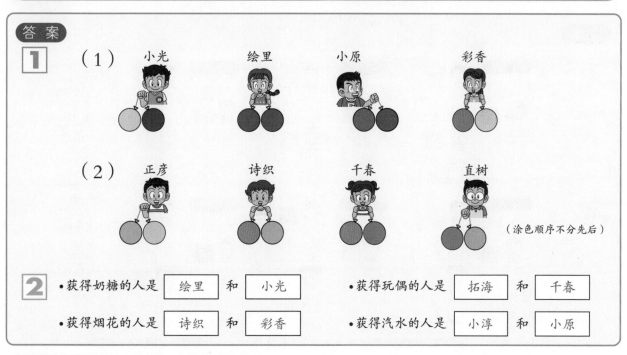

1（1）　小光　　绘里　　小原　　彩香

（2）　正彦　　诗织　　千春　　直树

（涂色顺序不分先后）

2 ・获得奶糖的人是 绘里 和 小光　　・获得玩偶的人是 拓海 和 千春

・获得烟花的人是 诗织 和 彩香　　・获得汽水的人是 小淳 和 小原

讲解　本题考察整理条件的能力。

1（1）推断大家钩上来的水球颜色。水球有红色、黄色、绿色、橙色、紫色五种颜色。在已知是谁钩上来的水球上做标记吧。

小光：黄色和紫色。

绘里：剩下的水球中有两个是同一种颜色的只有红色水球。因此，绘里的水球两个都是红色。

小原：和小光的水球颜色不同，所以应该是红色、绿色、橙色三种颜色中的两种。而彩香钩到了一个橙色水球，所以小原的水球就是红色和绿色了。

彩香：剩下的只有黄色水球了，所以她的水球是橙色和黄色。

（2）水球有粉色、橙色、水蓝色、黄绿色四种颜色。

千春钩上来的水球既不是水蓝色也不是黄绿色，所以她的水球是粉色和橙色。直树钩上来一个橙色水球，诗织钩上来一个粉色水球，那么剩下的是三个水蓝色水球和一个黄绿色水球。根据正彦的描述，没有人钩上来两个相同颜色的水球，所以正彦、直树、诗织各钩上来一个水蓝色水球。剩下的黄绿色水球是正彦钩上来的。

2 四种礼品，每种礼品各有两个，八个人每个人只拿一个。除小光外，根据剩下的七个人的描述制作表1。

然后，根据小光的描述，小光和绘里所得的相同礼品只可能是奶糖或玩偶。如果所得的礼品是玩偶，那么包括拓海在内一共有三个人拿到玩偶，不符合条件，所以小光和绘里拿的是奶糖。完成表格后，如表2所示。

表1

		奶糖	玩偶	烟花	汽水
	拓海	×	○	×	×
	诗织	×	×	○	×
	彩香	×	×	○	×
	小原		×	×	
	小淳	×			○
	千春			×	
	绘里			×	×
	小光			×	×

表2

		奶糖	玩偶	烟花	汽水
	拓海	×	○	×	×
	诗织	×	×	○	×
	彩香	×	×	○	×
	小原	×	×	×	○
	小淳	×	×	×	○
	千春	×	○	×	×
	绘里	○	×	×	×
	小光	○	×	×	×

钓金鱼　　　数的合成与分解

难度 ☆☆

答案

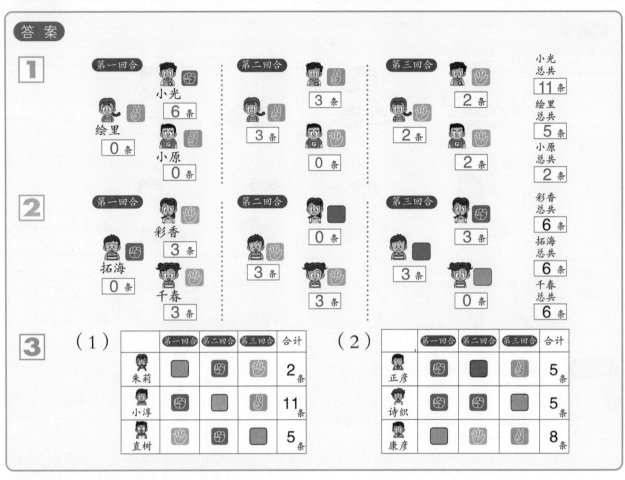

1 根据规则，计算总和。
小光：6+3+2=11，即 11 条。
绘里：0+3+2=5，即 5 条。
小原：0+0+2=2，即 2 条。

讲解　本题考察数的合成与分解。

2 六条的组合有 6+0+0、3+3+0、2+2+2 三种情况。根据第一回合结果，得知拓海是 6+0+0 或 3+3+0，如果是 6+0+0，三次的手势都需要与其他两人不同才行。第二次，拓海和千春手势一样，所以拓海的组合应该是 3+3+0。

3 (1) 这道题目需要根据总和思考组合方式，结合已知信息，可知朱莉：2+0+0；小淳：6+3+2；直树：3+2+0。从第一回合开始思考三人可能会得到的条数。小淳出的石头、直树出的布，所以朱莉得到 2 或 0、直树得到 2 或 3。因此，第一回合应该是和局，三个人都得了两条。在第二回合、第三回合中，朱莉都得了 0：第二回合中石头输了，第三回合中布输了。
(2) 点数组合分别是正彦：3+2+0；诗织：3+2+0；康彦：3+3+2 或 6+2+0。因为正彦和诗织有 0 分，所以康彦的点数组合应该是 6+2+0。也就是说，三个回合结果分别是正彦、诗织都获胜，康彦单独获胜，三个人平局。大家去确认下他们各自符合哪种情况吧。

| 难度 ☆ | 游泳圈的颜色 | 条件整理 |

答 案

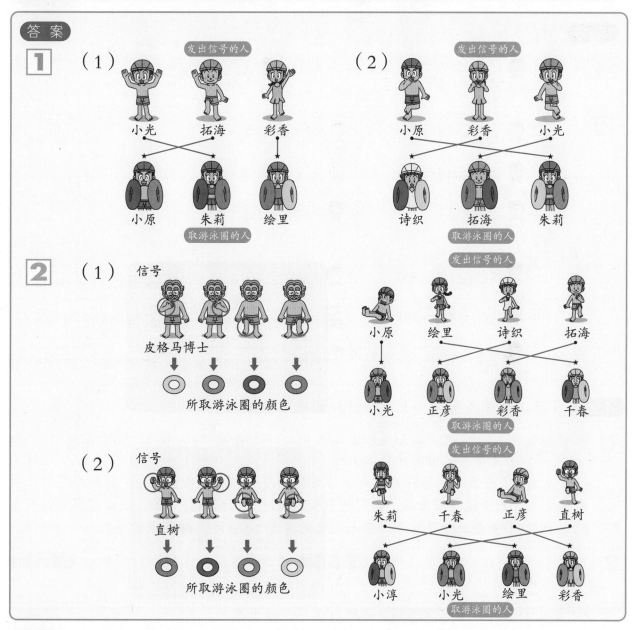

讲 解 本题考察整理条件的能力。

1 根据规则连线吧。

2 （1）根据小原的姿势，可知右脚、左脚分别表示蓝色、红色或红色、蓝色。对比其他三个人的姿势，抬右脚的有一人、抬左脚的有两人，再结合除小光以外的 取游泳圈的人 手上所拿的游泳圈，红色有一个、蓝色有两个的信息，可知右脚表示红色、左脚表示蓝色。因此，绘里和千春为一组。绘里举着右手，可知右手表示黄色，那左手自然就是绿色了。

（2）根据正彦的描述和姿势，我们可以知道右手或左手表示红色。观察其他三个人的姿势，右手有一人、左手有两人。拿红色游泳圈的有两人，所以判断左手表示红色。拿红色的小淳和绘里分别又拿着黄色和绿色。因此，右脚、左脚分别表示绿色、黄色或者黄色、绿色，抬起双脚的正彦应该和彩香是一组。剩下的右手就表示蓝色了。直树和小光为一组，所以右脚表示绿色。因此，左脚就表示黄色。（解题思路不唯一）

| 难度 ★★★ | 列算式 |  | 数位 |

答 案

1 （1）直树
$7-1+4-5=5$
$7+1+4-5=7$

（2）彩香
$18+3-7=14$
$18-3-7=8$

2 ① 拓海 $8+2+4+3=17$　② 康彦 $8-2+4+3=13$

③ 朱莉 $8-2-4+3=5$　④ 正彦 $82-4+3=81$

⑤ 小淳 $8+24-3=29$　⑥ 千春 $8-2+43=49$

3 （1）
① 小光 $954+3=957$
② 小原 $9+543=552$
③ 绘里 $95+43=138$

（2）
① $8+32+4=44$
② $8+32-4=36$
③ $8+324=332$

（3）
① $9+5-1-2=11$
② $9-5-1-2=1$
③ $9+5-1+2=15$

讲 解 本题以计算为基础，考察对数位的理解和掌握。

1 根据规则填入数字吧。当加法和减法连用时，试着把"+"换成"-"或把"-"换成"+"，去看看对答案有什么影响吧。

（1）更换 1 前面的运算符号，两个答案的差是 7-5=2，即相差 2。运算符号后面的数字是几，改变运算符号后，得到的两数之差就是几的两倍（加、减法运算中适用）。

（2）更换 3 前面的运算符号。两个答案的差是 14-8=6，即相差 6。

2 按照 8、2、4、3 的顺序，排列 数字卡片 列出算式。如④所示，将两张 数字卡片 排在一起作为一个两位数也是可以的。

3 和 2 一样，不改变 数字卡片 的排列顺序，列出算式。

（1）在算式①中，三位数加一位数得出 957，所以三位数的百位一定是 9。因此，在算式②中，9 加三位数得出 552，三位数就是 552-9=543，即 543。在③算式中验证，95+43=138，符合条件。

（2）对比①和②，发现最后一个数字前的"+"换成了"-"。答案之差是 44-36=8，相差 8。就知道最后一个数字是 8 的一半，即 4。

在③中，一位数加三位数得出 332。三位数最后一位是 4，那么一位数就应该是 8。332-8=324，所以三位数是 324。我们回到①中验证，8+32+4=44，符合条件。

（3）对比①和②，会发现第二个数字前的"+"变成了"-"，11-1=10，所以第二个数字是 10 的一半，即 5。对比①和③，第四个数字前的符号有变换。15-11=4，所以第四个数字是 4 的一半，即 2。

在②中，○-5-□-2=1。根据○-□-（5+2）=1，可以知道○-□=8。寻找符合○和□的数字，只有○=9、□=1 才符合条件。

确定集合地点

综合调查

答案

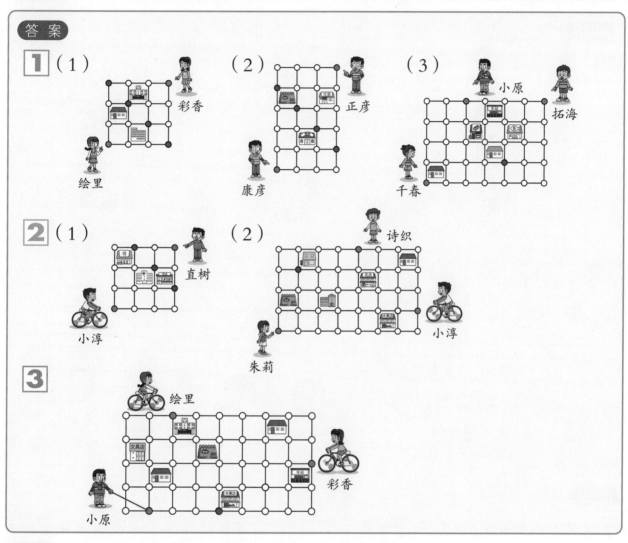

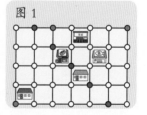

图1

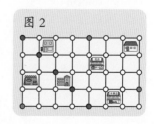

图2

讲解 本题考察通过调查找出满足条件的方案的综合能力。

1　（1）绘里走到彩香处，最短需要六段（○—○）距离。因此，两个人各自走六段距离的一半，也就是在分别走三段距离就能到达的地方集合就可以了。
（2）两个人之间隔了八段距离，在分别走四段距离就能到达的地方集合就可以了。
（3）首先思考距离最远的千春和拓海的集合地点。他们相距十段距离，所以各走五段距离，如图1所示。
在图1涂红色的○中，选择距离小原五段距离的点作为集合地点就可以了。

2　请留意小淳用直树、朱莉、诗织两倍的速度前进。
（1）两个人之间相距六段距离，当直树走完两段距离时，小淳已经走了四段距离了。
（2）首先，我们先思考朱莉和诗织的情况。两个人相距八段距离，各走四段距离即可，如图2所示。
两个人走完四段距离时，小淳已经走完八段距离，所以在图2涂红色的○中，选择小淳走了八段距离的点作为集合地点即可。

3　请留意绘里和彩香用小原两倍的速度前进。首先，我们找出绘里和彩香相遇的地方吧。她们分别走完四段距离后的集合点有三个，各走完五段距离的集合点有一个，各走完六段距离的集合点也有一个。符合条件的是两个人在各走完六段距离的点相遇，这时，小原刚好走完三段距离。

| 难度 ★★★ | 转一转 | | 空间思维 |

答案

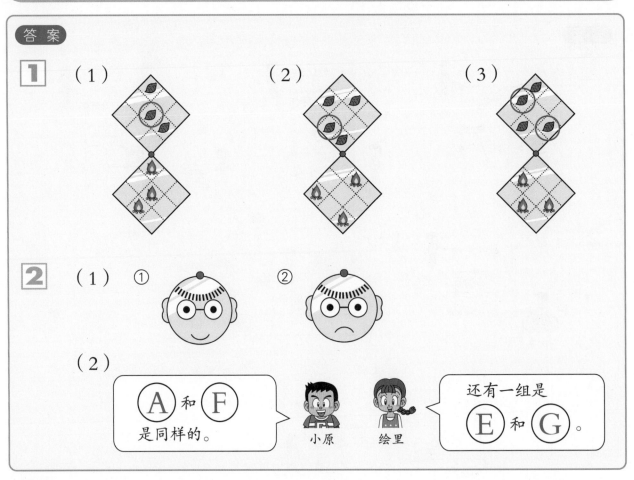

1 （1） （2） （3）

2 （1） ① ②

（2）

（A）和（F）是同样的。

小原　绘里

还有一组是（E）和（G）。

讲解　本题考察旋转移动图形的空间思维能力。

1 下方的卡片不能动，大家想象一下，上方的卡片旋转到下方会变成什么样子呢？ 🍃移动后位置是以 ● 为中心的对称位置。

2 卡片重合后会组成新的面孔。要点是观察嘴巴的形态，是否有头发或者胡子。 A ～ G 卡片重合后的表情分别如下图所示。

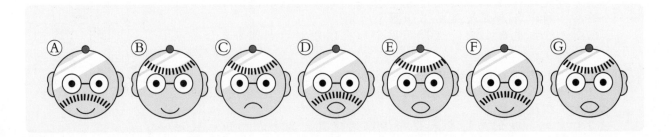

难度
☆☆☆

小兔子机器人

观察推断

答案

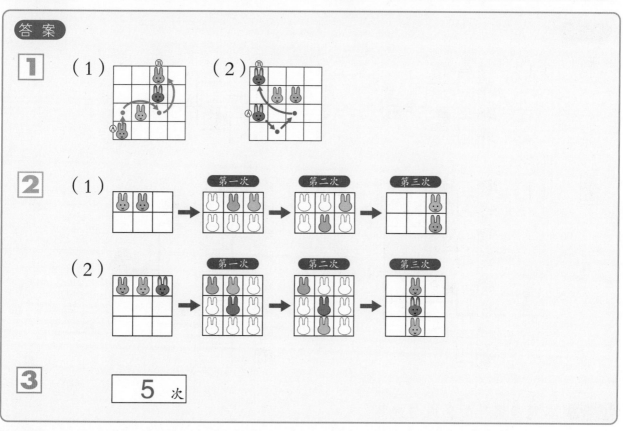

③ $\boxed{5}$ 次

讲解 本题考察移动路线的追踪能力。大家可以准备小弹珠实际操作。

① 要注意只有一台小兔子机器人可以移动。
（1）只有绿色可以动，蓝色和红色作为障碍物不能动。
（2）只有红色可以动。注意红色要斜向移动。

② 要注意一次只能移动一台小兔子机器人。
（1）按照"蓝色→绿色→绿色"的顺序共移动三次。
（2）按照"红色→蓝色→绿色"的顺序共移动三次。

③ 大家可以用小弹珠实际操作一下。
移动顺序按下图所示，共有两种。

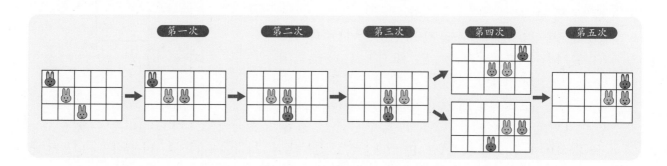

魔鬼鱼大冒险　　　　　　数的合成与分解

难度 ☆☆

答案

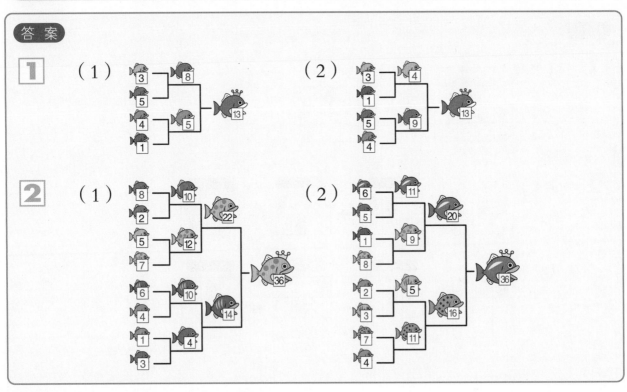

1 （1）　　　（2）

2 （1）　　　（2）

讲解　本题考察数的合成与分解。

1 按照规则填入数字吧。冠军魔鬼鱼的能力等级与示例一样，都是13。

2 （1）、（2）如右图所示，在魔鬼鱼上做好记号方便说明。

（1）I 是22-12=10，即10。A 是10-2=8，即8。D 是12-5=7，即7。N 是36-22=14，即14。

K 是14-4=10，10。因为 E+F=10，根据 E>F 的信息，可知 E、F 有8和2、7和3、6和4这三种可能。A~D 中没有用到的数字是1、3、4、6，所以 E、F 为6和4。剩下的 G 是1，H 是3。

（2）使用的数字也是1~8与（1）相同，所以 O 还是36。

N 是36-20=16。即16。L 是16-5=11，即11。G 是11-4=7，即7。已知 E+F=5，且 E<F，所以 E、F 有1和4、2和3这两种可能。H 是4，所以 E、F 是2和3。B、C、D 是剩下的1、5、8的其中一个。根据6大于 B，所以 B 是1或5。如果 B 是1，那么 A+B=6+1=7，I 就是7；C+D 是5+8=13，J 就是13。而7小于13，并不符合条件。因此，B 是5，C 是1，D 是8。

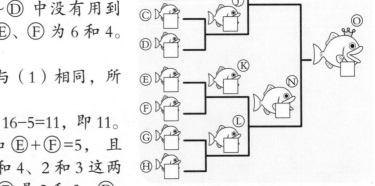

难度 ★　　购　物　　多角度思考

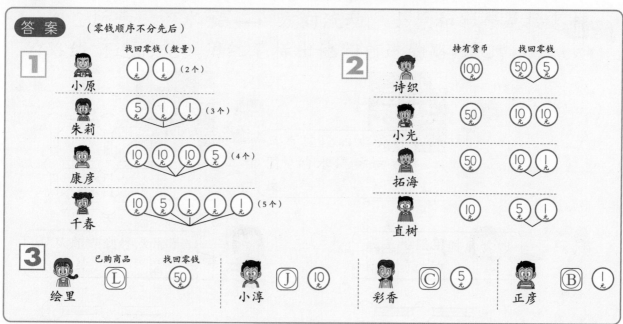

答案 （零钱顺序不分先后）

讲解　本题以购物的形式考察金额与数量换算的能力。我们在日常购物中也可以学习算数。

1 已知所购商品和所持货币，根据零钱的金额和数量，思考相应的组合方式吧。
小原：5-3=2，零钱是 2 元。
朱莉：10-3=7，零钱是 7 元。
康彦：50-15=35，零钱是 35 元。
千春：100-82=18，零钱是 18 元。

2 已知所购商品和零钱数量，算出金额。
诗织：100-45=55，零钱是 55 元，面值是 50 元和 5 元。
小光：比 30 元大的面值有 50 元和 100 元，用 50 元需要找回的零钱更少，所以 50-30=20，零钱是 20 元，面值是 10 元和 10 元。
拓海：使用的面值与小光一样，50-39=11，零钱是 11 元，面值是 10 元和 1 元。
直树：比 4 元大的面值有 100 元、50 元、10 元、5 元这四种。要使需要找回的零钱为两个，应从能购买的最小面值开始思考。用 5 元购买时，5-4=1，但零钱的数量要求两个，不符合要求。用 10 元购买时，10-4=6，6=5+1 符合要求。

3 四个人的货币面值不同，大家思考下他们各自拥有的金额是多少，按由低到高排序。
正彦：符合条件的只有 10 元面值了。5-1=4，他买了 4 元的商品。
彩香：1 元已经被用掉了。所以她的零钱是 5 元。10-5=5，她买了 5 元的商品。
小淳：50-10=40，他买了 40 元的商品。
绘里：100-50=50，她买了 50 元的商品。

难度 ☆☆　**安保机器人**　　条件整理

答案

1 （1）① 绘里　② 小原
　 （2）① 彩香　② 直树

2 （1）拓海　（2）千春

讲解　本题考察寻找满足条件的方案的思维能力。

1 （1）思考安保机器人监视的范围。注意，一台机器人可以向八个方向发出光束。
　 （2）放置五台安保机器人，需要把它们放在彼此光束无法照到之处。
　 ①将已知位置的三台安保机器人发出的光束范围涂成红色。有两处光束无法照到，那就是另外两台安保机器人的安放位置。

2 （1）已知一台安保机器人的位置，先将该机器人发出的光束范围做上标记。光束无法照到之处有六个，在其中选择三个符合要求的位置吧。
　 （2）和（1）的位置对称。

难度 ★★ | 万圣节 | 比较长短、高矮

答案

1 Ⓐ 1 Ⓑ 3 Ⓒ 4 Ⓓ 2

2 Ⓐ 3 Ⓑ 1 Ⓒ 2 Ⓓ 4

3 （1） ① 🎃 比 🎃 高 【2】cm

② 🎃 比 🎃 高 【4】cm

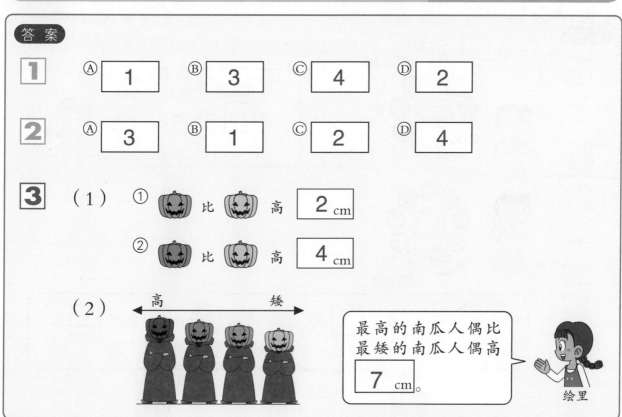

（2） 高 ←————→ 矮

最高的南瓜人偶比最矮的南瓜人偶高 【7】cm。

绘里

讲解 本题考察比较长短和高矮的能力。在比较时，我们要确认它们是否在相同的起点上。

1 题目中的玩偶悬挂天花板上，我们需要计算出当玩偶站在地板上时，天花板与玩偶之间的距离是多少。

Ⓐ：12+32=44，44cm。Ⓑ：40+10=50，50cm。Ⓒ：25+27=52，52cm。

Ⓓ：18+30=48，48cm。

请注意，天花板与玩偶之间的距离越大，说明玩偶越矮。

2 用与 **1** 同样的思维方式去解题吧！以台阶最底端与紫色南瓜人偶头顶之间的距离为基准来解题，天花板与人偶之间的距离如下。

橙色：5+（18+5+10）=38，38cm。粉色：（5+10）+（5+10）=30，30cm。

蓝色：（5+10+10）+10=35，35cm。紫色：5+10+10+15=40，40cm。

3 题目要求比较四个南瓜人偶的身高。

（1）我们想象一下 🎃 从阶梯上走到地面上的样子。① 20-18=2，🎃 比 🎃 高 2cm。

② 24-20=4，🎃 比 🎃 高 4cm。

（2）总结（1）的结果。参考示例，已知 🎃 > 🎃，根据①、②可知 🎃 比 🎃、🎃 以及 🎃 高。而且，🎃 比 🎃 高 4-2=2，即 2cm。综合以上，🎃 > 🎃 > 🎃 > 🎃。四个人偶的身高排列如右图所示。

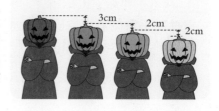

| 难度 ★★★ | 芝麻开门 | | 顺序规律 |

答案

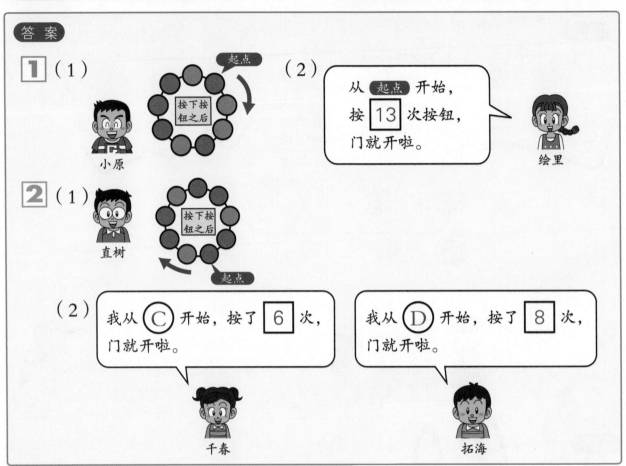

1 （1）

起点

按下按钮之后

小原

（2）

从 起点 开始，按 13 次按钮，门就开啦。

绘里

2 （1）

直树

按下按钮之后

起点

（2）

我从 ⓒ 开始，按了 6 次，门就开啦。

千春

我从 ⓓ 开始，按了 8 次，门就开啦。

拓海

讲解 本题考察关于顺序的思考能力。

1 （1）按钮按十次以上时，要注意有的按钮会按两次。当按第二次时，按钮的颜色会变回最初的颜色。

（2）最初有四个橙色按钮，按下一圈时，四个都会变成紫色，再按一次它们就变回橙色了。因此，9+4=13。

2 题目要求为每隔一个按钮按一次。

（1）参考示例，在按钮旁边标记上数字1～9会更容易理解。本题中没有按钮会按两次。

（2）千春：已有六个紫色按钮，想一想有没有方法只按这六个按钮，使它们变成橙色。

从 ⓑ 开始，ⓑ（紫色）→ ⓓ（紫色）→ ⓕ（橙色），不符合条件。

从 ⓒ 开始，ⓒ（紫色）→ ⓔ（紫色）→ ⓖ（紫色）→ ⓘ（紫色）→ ⓑ（紫色）→ ⓓ（紫色），共按六次都变成橙色，符合条件。

从 ⓓ 开始，ⓓ（紫色）→ ⓕ（橙色），不符合条件。

从 ⓔ 开始，ⓔ（紫色）→ ⓖ（紫色）→ ⓘ（紫色）→ ⓑ（紫色）→ ⓓ（紫色）→ ⓕ（橙色），不符合条件。

从 ⓖ 开始，ⓖ（紫色）→ ⓘ（紫色）→ ⓑ（紫色）→ ⓓ（紫色）→ ⓕ（橙色），不符合条件。

从 ⓘ 开始，ⓘ（紫色）→ ⓑ（紫色）→ ⓓ（紫色）→ ⓕ（橙色），不符合条件。

拓海：思考不按 ⓑ 的情况下，找到使八个紫色按钮变成橙色的方法。使用与千春相同的方法思考会发现，只有从 ⓓ 开始按才符合条件。

| 难度 ★★★ | 滚皮球 | | 条件整理 |

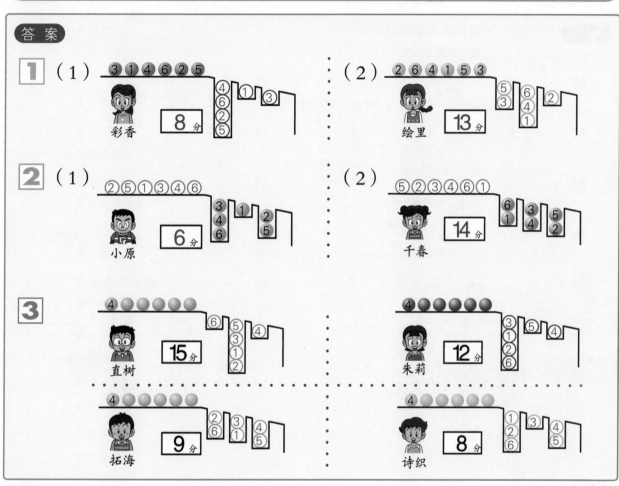

讲 解 本题考察按顺序调查的能力。

1 根据规则，在球内填上数字吧。坡上最右边的球会滚进第一个洞的最下面，坡上最左边的球会落在第三个洞的最上面。

2 根据洞里皮球的排列，思考它们的滚动顺序。坡上的球从左至右，依次位于第三个洞从上到下→第二个洞从上到下→第一个洞从上到下。

3 已知最左边的球是④，该球会落在第三个洞的最上面。如下图所示，给球标上 Ⓐ~Ⓔ 的编号。

直树：④+Ⓐ+Ⓔ=15。Ⓐ+Ⓔ=15-4=11，所以 Ⓐ 应该是 5 或 6。

朱莉：④+Ⓐ+Ⓑ=12。Ⓐ+Ⓑ=8，根据直树的计算结果，可以推出 Ⓑ 是 2 或 3。

诗织：④+Ⓑ+Ⓒ=8。Ⓑ+Ⓒ=4，如果 Ⓑ=2，那么 Ⓒ=2，不符合条件。

因此，Ⓑ=3、Ⓒ=1、Ⓐ=5。又根据直树的计算结果，Ⓔ=11-5=6。

拓海：4+Ⓑ+Ⓓ=9。Ⓑ+Ⓓ=5，所以Ⓓ=2。

难度 ★★　　秋　游　　　　　　　观察推断

答案

1️⃣ （1）

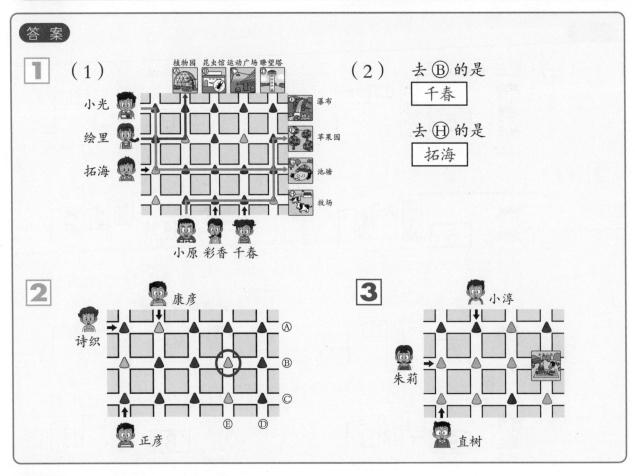

（2）　去 Ⓑ 的是

　　　　｜ 千春 ｜

　　　　去 Ⓗ 的是

　　　　｜ 拓海 ｜

2️⃣

3️⃣

讲解　本题考察设计满足条件要求的规划方案的能力。

1️⃣（1）让我们按照规则画出三个人的前进路线吧。最后小光到达了 Ⓖ，绘里到达了Ⓐ，小原到达了 Ⓕ。
　（2）试着画出其他三个人的路线吧。拓海到达了 Ⓗ，彩香到达了 Ⓔ，千春到达了 Ⓑ。

2️⃣　找到三个人都会经过的 △ 就可以了。按照康彦的路线，他最后到达的地方不是 Ⓒ，而是 Ⓓ。途中，经过了两次 △，两个 △ 分别变成 ▲ 会怎样呢？请确认诗织和正彦的路线是否正确。

3️⃣　为了让三个人都能到达美食广场，需要给 △ 涂上颜色。首先，我们思考朱莉的路线，如图1所示。接着再思考小淳的路线（图2）和直树的路线（图3）。对比图2和图3，两个人都能到达美食广场的方式只有一种。

图1

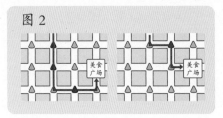

图2

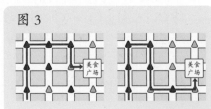

图3

折叠后重合的数字  空间思维

答案

1 （1） 10 分 （2） 9 分 （3） 4 分

2 （1） [图：1 4 2 3 5] 13 分 （2） [图：1 5 3 4 2] 14 分 （3） [图：4 2 1 5 3] 12 分 （4） [图：3 4 1 5 2] 6 分

3 [图：3 2 1 4 5] [图：3 2 1 4 5]

（答案顺序可调换）

讲 解 本题通过折纸考察空间思维能力和计算能力。使用折纸，确认下重合的位置吧。（在 2 和 3 中，如右图所示，有Ⓐ～Ⓓ四种折纸方式。）

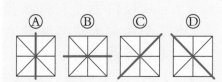

1 （1）4和1、3和2重合，因此，（4+1）+（3+2）=10，得10分。
（2）5和4重合，5+4=9，9分。
（3）3和1重合，3+1=4，4分。

2 用Ⓐ～Ⓓ的四种方式折纸，总分分别是多少？本题需要分别进行计算。
（1）沿Ⓐ折叠，2+3=5，得5分。沿Ⓑ折叠，（1+5）+（4+3）=13，得13分。
沿Ⓒ折叠，（1+3）+（2+5）=11，得11分。沿Ⓓ折叠，5+4=9，得9分。
（2）沿Ⓐ折叠，（1+5）+（4+2）=12，得12分。沿Ⓑ折叠，5+3=8，得8分。
沿Ⓒ折叠，1+2=3，得3分。沿Ⓓ折叠，（4+5）+（2+3）=14，得14分。
（3）沿Ⓐ折叠，（2+1）+（5+3）=11，得11分。沿Ⓑ折叠，4+5=9，得9分。
沿Ⓒ折叠，（4+1）+（2+5）=12，得12分。沿Ⓓ折叠，3+1=4，得4分。
（4）沿Ⓐ折叠，1+5=6，得6分。沿Ⓑ折叠，4+1=5，得5分。
沿Ⓒ折叠，1+2=3，得3分。沿Ⓓ折叠，1+3=4，得4分。

3 思考总和为10分的折叠方式。注意数字1～5的总和是15，所以只要5不与其他数字重合，剩下的数字互相重合就可以满足条件了。
沿Ⓐ折叠，5和1会重合；沿Ⓓ折叠，5和4会重合。因此，只能考虑用另外两种折叠后没有数字与5重合的Ⓑ和Ⓒ。

难度 ☆☆☆ 快来快来，圣诞老爷爷 　　观察推断

答案

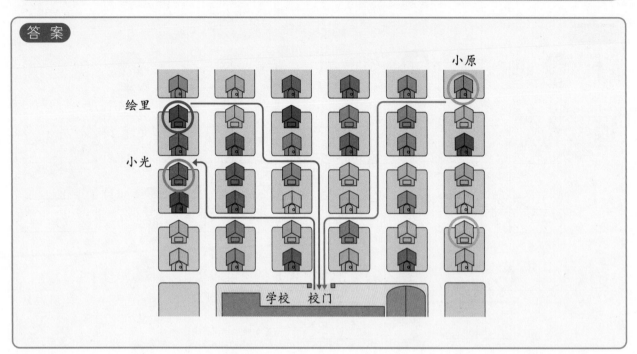

讲解　本题考察根据指示寻找路线、确定方位的能力。请注意不要混淆左右。

（1）从校门出发，根据指示前进吧。"在第二个十字路口向右转"的"右"指的是面向前方道路时的右手边。可以转动本书，让自己正面朝向前方的道路，这样更容易理解。

（2）与（1）相反，思考从家出发到校门口的路线。四座红色房子有 🏠 和 🏠 两种配置，请按顺序确认吧。如果是 🏠 这种情况，考虑道路的转向，如右图所示，校门就在家的上方了，不符合条件。大家在其他配置中找一找吧。

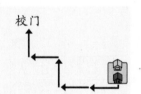

（3）绿色房子有四座，大家按照（2）的方法找一找吧。

难度 ☆☆☆ 红鼻子驯鹿、蓝鼻子驯鹿　　数的合成与分解

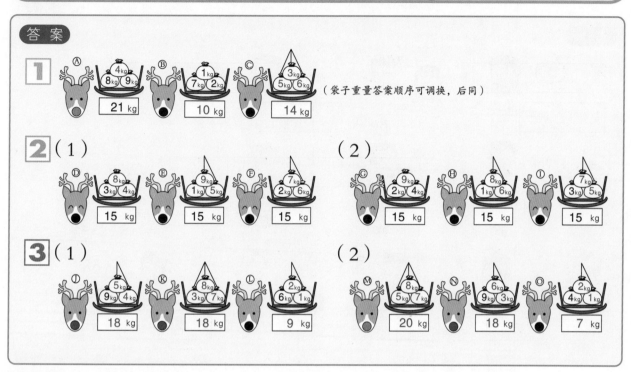

答案

1　（袋子重量答案顺序可调换，后同）

讲解 本题考察数的合成与分解。

1　Ⓐ：21-8-9=4，4kg。　　Ⓑ：1+2+7=10，10kg。

Ⓒ：需要先确定九个袋子中，还没有用到的是哪三个袋子。3+5+6=14，14kg。

不妨再验证下，21+10+14=45，九个袋子总重量是45kg。

2　寻找三个袋子总重量为15kg的组合。

（1）Ⓓ：15-3-4=8，8kg。

Ⓔ：15-1=14。两个袋子总重量为14kg的组合有（9，5）、（8，6）。在Ⓓ中重8kg的袋子已经用过了，所以是9和5。

Ⓕ：将其他三个还未被使用的袋子重量相加，2+6+7=15。

（2）Ⓖ：15-2-4=9。Ⓗ：15-1=14。Ⓖ中已经有9了，所以Ⓗ是8和6。

Ⓘ：将其他三个还未被使用的袋子重量相加，3+5+7=15。

3　本题需要根据驯鹿鼻子的颜色思考相应的重量，请思考符合红色鼻子要求的组合有哪些吧。

总重量是19kg，组合有（9,8,2）、（9,7,3）、（9,6,4）、（8,7,4）、（8,6,5）。

总重量是18kg，组合有（9,8,1）、（9,7,2）、（9,6,3）、（9,5,4）、（8,7,3）、（8,6,4）（7,6,5）。

（1）Ⓛ中已经有6了，红色鼻子没有6的组合只有（9,5,4）和（8,7,3）两种。

（2）Ⓜ总重量在20kg及以上。Ⓝ中有9了，所以组合是（8,7,6）或（8,7,5）。

Ⓝ是红色鼻子，大家想一想Ⓜ的组合应该是哪一种呢？

| 难度 ☆ | 压岁钱 |  | 数的合成与分解 |

答 案

1 （1）小光 300元　（2）绘里 700元　（3）小原 900元

2 （1）彩香 500元 100元（顺序不分先后）　（2）直树 200元 200元 200元　（3）朱莉 200元 200元 100元 100元（顺序不分先后）

3
康彦 500元 200元 100元 800元（顺序不分先后）
拓海 200元 200元 100元 500元（顺序不分先后）
诗织 500元 200元 200元 900元（顺序不分先后）
千春 200元 100元 100元 400元（顺序不分先后）
小淳 500元 100元 100元 700元（顺序不分先后）

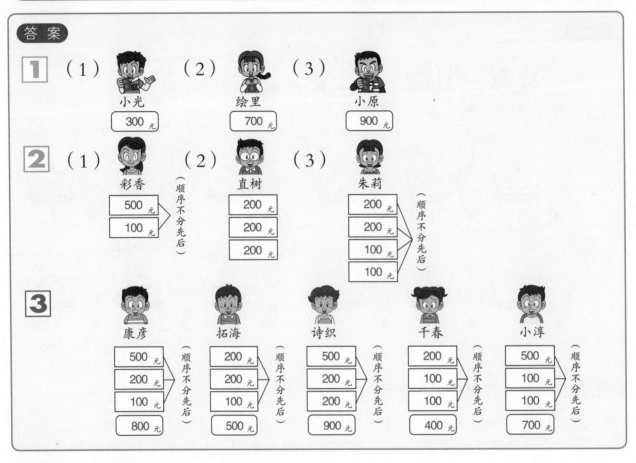

讲 解　本题考察大数的合成与分解。

1 大家试着计算下三位数的加法吧。

2 大家试着找一找总和为600的组合方式吧。所有组合方式如表1所示。

表1

500	1	0	0	0	0
200	0	3	2	1	0
100	1	0	2	4	6

3 五个人所得金额的顺序如下：
小淳＜康彦＜诗织；
千春＜拓海；
拓海＜小淳。

诗织得到的金额最高，但不足1000。因此，我们在1000的范围内，列出三个红包的组合方式就会有新的发现。三个红包的组合方式如表2所示。其中，由于三个红包的金额不能完全相同，答案也就一目了然了。

表2

500	3	2	2	1	1	1	0	0	0	0
200	0	1	0	2	1	0	3	2	1	0
100	0	0	1	0	1	2	0	1	2	3
合计	1500	1200	1100	900	800	700	600	500	400	300

难度 ☆ | 环游世界 | | 条件整理

答案

①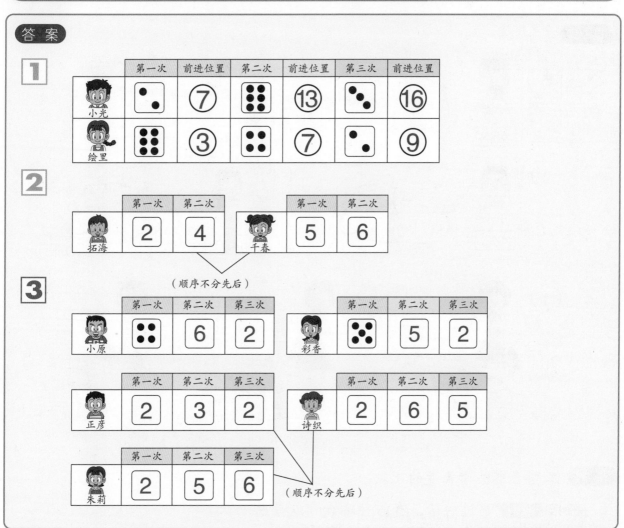

讲解 这是一道以旅游为题材的题目。

① 注意 **特殊规则** ，仔细探寻前进路线。

② 寻找两次就能走到 ⑪ 的方法时，注意骰子点数只有 1～6，如果没有 **特殊规则** ，只有（6，5）和（5，6）这两种方式。第一次掷到 6 时要退回至 ③，所以（6，5）这种方式不可行。如果第一次掷出 2，可以直接前进至 ⑦，按（2，4）这种方式也可以走到 ⑪。

③ 找出掷三次骰子刚好就能走到 **终点** 的方法。

我们首先要确认从 **起点** 到 **终点** 需要走十八次。因为有 **特殊规则** ，所以（6，6，6）这种方式不可行。

如果第二次就走到 ⑩ 的话，第三次只需要掷出 2 就能到 **终点** 。首先，我们要确定掷两次骰子就能到 ⑩ 的方法有（4，6，2）、（5，5，2）、（2，3，2）三种。第一次掷出 2，会直接走到 ⑦；第二次和第三次掷出总和为 11 的数字，如（2，6，5）、（2，5，6），也可以走到 **终点** 。

| 难度 ☆☆ | 越野滑雪 |  | 比较长短 |

答案

1 （1）小光 450m （2）绘里 440m （3）小原 460m （4）彩香 430m

2 （1）诗织 （2）拓海 （3）小淳

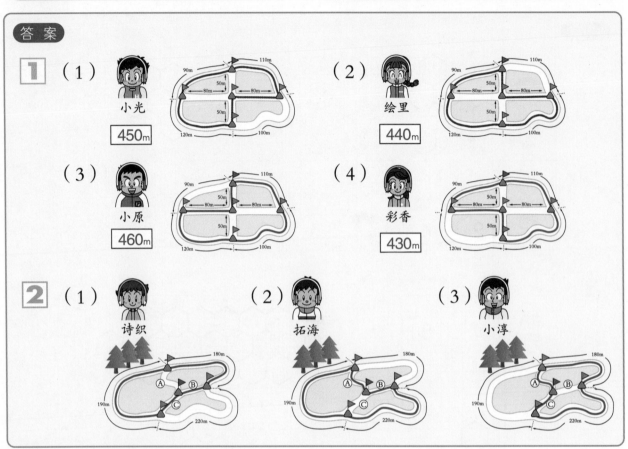

讲 解 本题考察关于长度的比较。

1 根据 规则 前进的话，有四种路线可以考虑。
（1）90+120+50+80+110=450，即 450m。
这里注意未通过的路线的长度。
路线总长度为 90+120+100+110+50+50+80+80=680，即 680m。
未通过的路线长度为 50+80+100=230，即 230m。所以，通过的路线总长度为
680-230=450，即 450m。
（2）和（1）相比，未通过的路线长度是 50m、80m、110m。未通过的路线的内
侧长度都是 50m、80m，不同的是（1）的外侧长度比（2）长了 110-100=10，
即 10m。所以，450-10=440，即 440m。
（3）路线最长意味着不经过外侧长度最短的 90m 的道路。
（4）路线最短意味着不经过外侧长度最长的 120m 的道路。

2 根据 规则 前进，只需从 Ⓐ、Ⓑ、Ⓒ 和外侧道路中各选出一条路不经过即可。
（1）路线最短意味着，不经过的总路线最长。因此，选择不经过 Ⓐ 和 200m
的外侧道路即可。
（2）路线最长，选择不经过 Ⓒ 和 180m 的外侧道路即可。
（3）路线不是最长也不是最短，又要与前两个人不同，不经过 Ⓑ 和 190m 的
道路即可。

难度 ★★　　**马拉松比赛**　　　　观察推断

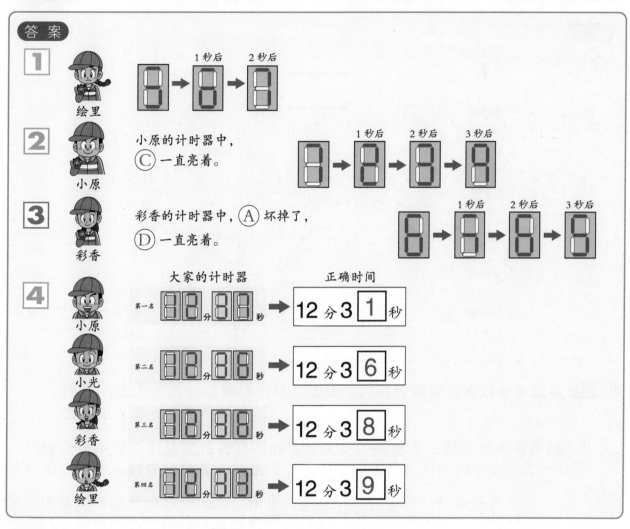

讲解　本题以电子数字显示为题材，考察推断能力。

1　一直不亮的 ─，根据数字不同，可能不会影响计时器显示完整的数字，也可能会使计时器以缺失的状态显示数字。

示例中小光的数字，6可以完整地显示，但7和8就不能完整显示。

同样，绘里的数字，5和6虽然有缺失，但7可以完整显示。

2　一直亮着的 ─，根据数字不同，可能会使计时器完整地显示数字，也有可能会多余地显示。2和3可以完整显示，但1就多了一部分。

3　对比三个显示的数字，可以得知不亮的只有Ⓐ，亮着的是Ⓑ、Ⓒ、Ⓓ。因此，最开始的数字是6，Ⓓ一直亮着。

4　第一名：Ⓒ亮着，所以正确的时间是31秒或37秒。

第二名：Ⓐ不亮，所以是36秒或38秒。

第三名：可能是30秒、36秒或38秒。

第四名：可能是33秒或39秒。

符合要求的组合只有一种。

难度
★★★

丛林探险

观察推断

答案

1 （1） | 10 分 | （2） | 14 分 |

2 （1）　（2）

3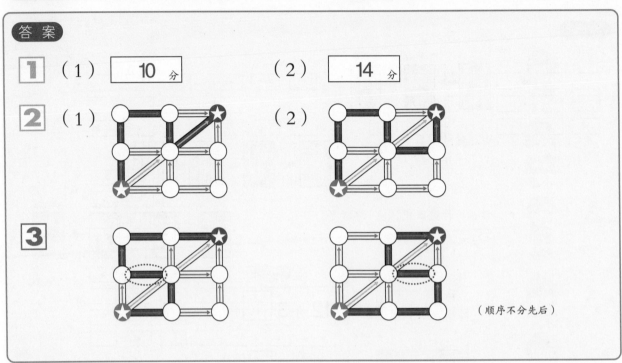

（顺序不分先后）

讲解 本题考察综合推断能力。耐心去尝试，这是学习数学的重点。

1 （1）注意，经过两个 ⟶ 的路线是最近的路线。5+5=10，即10分钟。

（2）不经过 ⟶ 时，需要经过两次 ⟶ 和 ⟶。3+3+4+4=14，即14分钟。路线一共有六种，分别尝试一下吧。

2 在（1）和（2）的基础上，由于用时比 1 中最长时间的14分钟还长，所以他们一定经过了逆向水流的河段（以下简称为"河段A"）。从起点到河段A入口的路线只有一条，3+3+4=10，需10分钟。从河段A的出口到达终点的路线有两条，一条是通过 ⟶ 到达，另一条是通过 ⟶ 后再通过 ⟶ 到达。从起点到终点，通过 ⟶ 的路线用时是10+3+5=18，即18分钟。依次通过 ⟶、⟶ 的路线用时是10+3+4+3=20，即20分钟。前者是（1）的路线，后者是（2）的路线。

3 在 2 中，有一段 ⟶ 的水流方向与 1 中相反，最久需要20分钟。还有一段 ⟶ 的水流也可逆流，所用时间最久也是20分钟。所以排除 ⟶。⟶ 的水流不可逆流，因为逆流后，无法经过 ⟶ 的水流走到终点。⟶ 的水流可逆流的河段有两处。经过这两处逆向水流河段的路线各有两条，用时22分钟的路线各有一条。请仔细找一找吧。

难度 ★★★　　**重盒子、轻盒子**　　 条件整理

答案

 1　（1）① 　②

（2）① 　②

　　　　　　　　　（顺序不分先后）　　　　　　　（顺序不分先后）

2　（1）放入 4 颗的是 🟰，放入 6 颗的是 ◾　（2）放入 4 颗的是 ◣，放入 6 颗的是 ◢

（3）放入 4 颗的是 ◪，放入 6 颗的是 ◩

讲 解　本题以重量对比为题材，考察条件整理及推理能力。

1　根据盒子里放入的巧克力球数量，可以确认天平轻的一端向上倾斜、重的一端向下倾斜。

（1）① 前提条件：天平两端处于平衡状态。左边是 5+5=10，共装了 10 颗巧克力球。因此，右边是 10-4=6，另一个盒子是装了 6 颗巧克力球的橙色盒子。
② 前提条件：天平左边比右边重。右边是 10 颗，左边应该是 11 颗。11-5=6，可知空白颜色的盒子是橙色盒子。

（2）① 前提条件：天平两端处于平衡状态。巧克力球总共有 5×4+4+6=30，30颗。30÷2=15，左右各 15 颗，天平就平衡了。左边放着红色和蓝色盒子，黄色盒子已在右边，剩下的就是装有 5 颗巧克力球的绿色盒子了。
② 左边放着红色和蓝色盒子。剩下的一个盒子如果是粉色或橙色的话，天平会怎么样呢？大家想一想吧。
左边如果是粉色盒子：左边是 5+5+4=14，14 颗。右边是 5+5+6=16，16 颗。右端向下倾斜。
左边如果是橙色盒子：左边是 5+5+6=16，16 颗。右边是 5+5+4，14 颗。左端向下倾斜。符合。

2　从 **1** 的调查结果中可知天平倾斜的各种可能，以及各个盒子的重量，大家动动脑吧。

（1）根据左边天平的信息，我们可以得知浅蓝色+黄绿色＝茶色+紫色，总颗数都是 10 颗。根据这个结果和中间天平的结果，我们可以得知装 4 颗巧克力球的是紫色盒子，装 6 颗巧克力球的是茶色盒子。

（2）根据左边和中间的天平信息，我们可以得知浅蓝色盒子和蓝色盒子的重量相同，都是 5 颗。从右边天平可以得知黄绿色盒子里的巧克力球数量多于茶色盒子里的巧克力球数量，黄绿色盒子里装 6 颗，茶色盒子里装 4 颗。

（3）根据左边和右边的天平信息，我们可以知道浅蓝色盒子里的巧克力球数量少于紫色盒子里的巧克力球数量。

■ 这一页，可以计算或画图表，请自由使用。